Alexandra Duarte
Nathalie Zamora
Carlos Jacomino

LA NUEVA ERA DE LA CONSTRUCCIÓN

Alexandra Duarte
Nathalie Zamora
Carlos Jacomino

LA NUEVA ERA DE LA CONSTRUCCIÓN

Materiales que cambian el juego

Editorial Académica Española

Imprint

Cover image: www.ingimage.com

Publisher:
Editorial Académica Española
is a trademark of
Dodo Books Indian Ocean Ltd. and OmniScriptum S.R.L publishing group

120 High Road, East Finchley, London, N2 9ED, United Kingdom
Str. Armeneasca 28/1, office 1, Chisinau MD-2012, Republic of Moldova, Europe
Printed at: see last page
ISBN: 978-613-9-43875-4

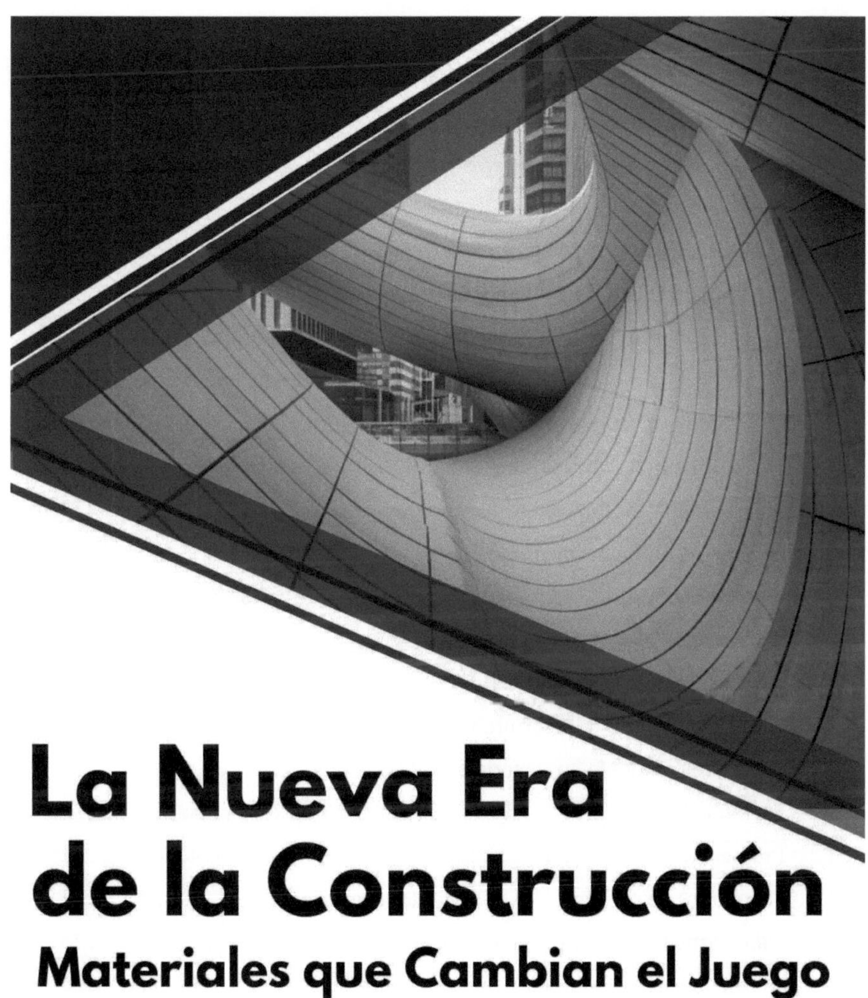

La Nueva Era de la Construcción

Materiales que Cambian el Juego

Alexandra Maritza Duarte Anduray
Nathalie Michelle Zamora Moreno
Carlos Alexander Mendoza Jacomino

Índice

Para el lector

Bienvenido a un viaje hacia el futuro de la construcción, donde la innovación tecnológica y la sostenibilidad se encuentran para redefinir los materiales y los métodos que darán forma a las ciudades del mañana. Este libro es una guía para conocer las tecnologías emergentes que están revolucionando la industria de la construcción, desde el hormigón autorreparable hasta la nanotecnología y la impresión 3D. Cada capítulo explora un aspecto esencial de estas innovaciones, brindándote los fundamentos, las aplicaciones prácticas, los beneficios y los desafíos que enfrenta cada tecnología.

La organización de este libro te permitirá profundizar de forma estructurada en cada tecnología: iniciamos con los conceptos clave, seguimos con ejemplos aplicados y concluimos con un análisis de su potencial de impacto. Esta estructura está diseñada para ayudarte a no solo comprender los materiales, sino también a visualizar cómo pueden integrarse en el diseño y la construcción de proyectos sostenibles y duraderos.

Mientras avanzas en la lectura, encontrarás que este libro se divide en capítulos dedicados a cada tecnología disruptiva. Empezamos con el hormigón autorreparable, un material que, utilizando principios de química, biología y física, puede sanar grietas de manera autónoma, prolongando la vida útil de las estructuras. Luego, nos sumergimos en la nanotecnología, que permite el diseño de materiales increíblemente resistentes y adaptables. Finalmente, la impresión 3D y la metodología BIM se presentan como herramientas fundamentales para la eficiencia, personalización y digitalización de proyectos de construcción.

A medida que leas, verás cómo estas tecnologías no solo enfrentan desafíos técnicos, sino también la necesidad de un cambio de mentalidad en la industria. Al final del libro, esperamos que no solo tengas una visión completa del estado actual de estas innovaciones, sino también un entendimiento de cómo pueden integrarse en proyectos futuros de manera efectiva y sostenible.

CAPÍTULO 1

Hormigón autorreparable

1.1 Introducción

El hormigón es uno de los materiales de construcción más utilizados en el mundo, representando aproximadamente el 70% de todos los materiales de construcción en términos de volumen. Su popularidad se debe a su resistencia, durabilidad y versatilidad, lo que lo convierte en la opción preferida para una amplia gama de estructuras, desde edificios residenciales hasta infraestructuras críticas como puentes y túneles. Sin embargo, a pesar de sus numerosas ventajas, la durabilidad del hormigón se ve comprometida por la aparición de grietas y daños a lo largo del tiempo, lo que puede resultar en costosas reparaciones y una reducción en la vida útil del material.

Las grietas en el hormigón pueden ser causadas por múltiples factores, incluidos cambios de temperatura, asentamiento del terreno, cargas estructurales y agresiones químicas. Estas fisuras no solo afectan la estética de las construcciones, sino que también pueden permitir la infiltración de agua y la corrosión de las armaduras de acero, lo que lleva a un deterioro acelerado de la estructura. Según un estudio de la American Society of Civil Engineers (2017), se estima que el costo de la reparación de infraestructuras deterioradas en Estados Unidos asciende a cientos de miles de millones de dólares anuales. Este contexto ha llevado a la búsqueda de soluciones innovadoras que puedan abordar estos problemas de manera efectiva.

En este sentido, el desarrollo de hormigón autorreparable ha surgido como una solución prometedora para mitigar los problemas relacionados con las grietas en el hormigón. Este tipo de hormigón tiene la capacidad de sanar automáticamente las fisuras que se producen, lo que no solo prolonga la vida útil de las edificaciones, sino que también reduce significativamente los costos de mantenimiento y reparación. El hormigón autorreparable representa un avance significativo en la tecnología de materiales de construcción, combinando principios de ingeniería civil, química y biología para crear un material más resiliente.

Este capítulo explora en profundidad los principios que subyacen al hormigón autorreparable, los diferentes tipos que existen, sus ventajas y aplicaciones, así como los desafíos que enfrenta en su implementación. Además, se abordará el potencial de esta innovación para transformar la industria de la construcción, destacando su relevancia en el contexto actual de sostenibilidad y eficiencia en el uso de recursos.

Figura 1

Foto de hormigón autorreparable

Fuente: Universidad Técnica de Delft

1.2 Principios del Hormigón Autorreparable

El hormigón autorreparable es una innovación en la ingeniería de materiales que busca mejorar la durabilidad y sostenibilidad de las estructuras de hormigón. A continuación, se detallan los principios fundamentales que sustentan esta tecnología, cada uno ampliado con ejemplos y consideraciones relevantes.

1.2.1 Química de Autorreparación

La química de autorreparación se basa en la capacidad del hormigón para reaccionar químicamente con componentes presentes en su entorno para sellar grietas y fisuras. Este principio se centra en la incorporación de aditivos que facilitan reacciones químicas específicas al entrar en contacto con el agua y otros elementos.

Cuando una fisura se forma, los agentes de curado, que pueden incluir silicatos y compuestos de carbonato, se activan. Por ejemplo, el uso de aditivos como el silicato de sodio puede resultar en la formación de un gel que llena la grieta. Este gel no solo sella la fisura, sino que también puede reaccionar con el CO_2 presente en el ambiente para formar carbonato de calcio, que refuerza la estructura original (Böngen et al., 2018). La química de autorreparación permite el desarrollo de hormigones que no solo son capaces de sellar las grietas, sino que también pueden mejorar su resistencia a la compresión y a la tracción tras el proceso de curado.

Además, la investigación en el campo de los aditivos químicos ha dado lugar a la creación de hormigones que pueden curarse en diferentes condiciones ambientales. Por ejemplo, algunos aditivos son más efectivos en climas húmedos, donde la presencia de agua activa las reacciones de curado, mientras que otros pueden ser diseñados para funcionar en condiciones más secas. Este enfoque personalizado en la química del hormigón autorreparable permite su aplicación en una variedad de entornos, desde construcciones en zonas costeras hasta estructuras en desiertos.

La capacidad de estos hormigones para adaptarse a diferentes ambientes no solo mejora la eficacia de la reparación, sino que también suma a la sostenibilidad del material. Al reducir la necesidad de reparaciones frecuentes, se disminuye el consumo de recursos y la generación de residuos, lo que es esencial en el contexto actual de sostenibilidad ambiental.

1.2.2 Biología y Microbiología

El uso de principios biológicos en el hormigón autorreparable representa una de las innovaciones más prometedoras en el sector de la construcción. Este principio se basa en la incorporación de microorganismos que pueden activarse en condiciones específicas, como la presencia de agua y nutrientes, para reparar daños en el hormigón.

Las bacterias, como Bacillus subtilis, son un ejemplo notable. Estas bacterias pueden sobrevivir en condiciones adversas y son capaces de producir carbonato de calcio a través de procesos metabólicos. Cuando se forman grietas, el agua penetra en el hormigón, activando las bacterias que comienzan a metabolizar los nutrientes disponibles y producen carbonato de calcio, que se deposita en la fisura (Jonkers, 2011). Este proceso no solo sella la grieta, sino que también puede fortalecer la estructura del hormigón circundante.

La biología aplicada al hormigón autorreparable abre nuevas vías para la sostenibilidad en la construcción. Por un lado, el uso de microorganismos reduce la dependencia de métodos de reparación tradicionales, que suelen ser costosos y consumen muchos recursos. Por otro lado, este enfoque permite un ciclo de vida más largo para las estructuras de hormigón, lo que es esencial en un mundo donde la longevidad de los materiales es cada vez más importante.

Además, la investigación en este ámbito ha llevado al desarrollo de "hormigones inteligentes" que no solo se reparan a sí mismos, sino que también pueden adaptarse a cambios en su entorno. Por ejemplo, se están explorando métodos para modificar las bacterias para que respondan a diferentes estímulos ambientales, lo que podría optimizar aún más su capacidad de autorreparación.

1.2.3 Física de los Materiales

La física de los materiales es fundamental para el desarrollo del hormigón autorreparable, ya que se refiere a cómo las propiedades físicas del hormigón, como su porosidad, densidad y resistencia, afectan su capacidad para sanar automáticamente. Este principio se centra en el diseño y la formulación del hormigón para maximizar su efectividad en la autorreparación.

La porosidad del hormigón es un factor crítico. Un hormigón con una estructura porosa adecuada permite que los agentes de curado, ya sean químicos o biológicos, lleguen a las grietas de manera efectiva. Si el hormigón es demasiado denso o compacto, los agentes de curado pueden no tener acceso a las fisuras, lo que limita su capacidad para realizar reparaciones (Mechtcherine et al., 2016). Por lo tanto, el diseño del hormigón autorreparable debe equilibrar la resistencia y la porosidad para facilitar este proceso.

Además, la investigación en la física de los materiales ha llevado a la creación de hormigones que responden a condiciones ambientales cambiantes. Por ejemplo, se están desarrollando hormigones que pueden expandirse o contraerse en respuesta a cambios de temperatura, lo que puede ayudar a sellar grietas de manera más efectiva. Este principio se centra en el ajuste de la composición del hormigón, incorporando aditivos que permiten estas propiedades dinámicas.

La física de los materiales también se extiende a la comprensión de cómo las fuerzas externas, como las cargas estructurales y las vibraciones, afectan la integridad del hormigón. Al comprender estas interacciones, los ingenieros pueden diseñar hormigones que no solo sean resistentes a las fisuras, sino que también sean capaces de repararse de manera efectiva cuando ocurren daños.

Ingeniería de Materiales

La ingeniería de materiales es un principio clave en el desarrollo del hormigón autorreparable, que se refiere a la selección y combinación de materiales que mejoran las propiedades del hormigón. Este enfoque es esencial para crear un material que no solo sea resistente y duradero, sino también capaz de autorrepararse de manera efectiva.

La investigación en este campo ha llevado a la identificación de aditivos y compuestos que pueden mejorar la cohesión y la resistencia del hormigón. Por ejemplo, la incorporación de fibras sintéticas o naturales puede aumentar la resistencia a la tracción y reducir la formación de grietas. Este principio de ingeniería de materiales permite diseñar hormigones que son más resilientes ante las condiciones adversas del entorno (Huang et al., 2015).

Además, el uso de nuevos materiales, como nanomateriales y polímeros, ha mostrado un gran potencial en la mejora de las propiedades del hormigón autorreparable. Los nanomateriales, en particular, pueden mejorar la resistencia a la corrosión y la durabilidad del hormigón, lo que es esencial para estructuras expuestas a ambientes agresivos, como costas y zonas industriales.

La ingeniería de materiales también implica la creación de hormigones con propiedades específicas para aplicaciones particulares. Por ejemplo, se pueden desarrollar hormigones ligeros para aplicaciones en edificios de gran altura, que requieren un equilibrio entre resistencia y peso. O, alternativamente, hormigones de alta resistencia para estructuras que soportan cargas pesadas. Este enfoque personalizado en la formulación del hormigón autorreparable permite su uso en una amplia gama de aplicaciones.

1.2.4 Monitoreo y Respuesta a Condiciones Ambientales

El principio de monitoreo y respuesta se refiere a la capacidad del hormigón autorreparable para detectar condiciones ambientales y activar mecanismos de reparación. Este enfoque aprovecha tecnologías avanzadas, como sensores y sistemas de monitoreo, que permiten una respuesta proactiva ante el deterioro.

Los sensores integrados en la estructura de hormigón pueden monitorear continuamente la salud del material, detectando la aparición de grietas o cambios en las condiciones ambientales. Cuando se detecta una fisura, el sistema puede activar automáticamente los agentes de curado, asegurando una reparación rápida y eficiente (Wang et al., 2016). Este principio no solo mejora la efectividad del hormigón autorreparable, sino que también permite la prevención de daños mayores que podrían comprometer la integridad estructural.

La implementación de tecnologías de monitoreo también tiene implicaciones significativas para el mantenimiento de infraestructuras. En lugar de depender de inspecciones periódicas, el monitoreo continuo permite a los ingenieros y administradores de infraestructuras tomar decisiones informadas sobre el momento y el tipo de mantenimiento necesario. Esto puede resultar en un uso más eficiente de los recursos y en una reducción de los costos asociados con la reparación y el mantenimiento.

Además, el principio de monitoreo y respuesta puede integrarse con sistemas de inteligencia artificial que analizan datos para predecir cuándo y dónde es más probable que ocurran grietas. Este enfoque proactivo permite a los ingenieros abordar problemas antes de que se conviertan en fallas significativas, mejorando la seguridad y la durabilidad de las estructuras.

1.2.5 Sostenibilidad y Eficiencia de Recursos

La sostenibilidad es un principio fundamental en el desarrollo del hormigón autorreparable. En un contexto donde la construcción y la infraestructura contribuyen significativamente a la huella de carbono global, el hormigón autorreparable ofrece una solución que puede reducir el impacto ambiental.

Al prolongar la vida útil de las estructuras y disminuir la necesidad de reparaciones frecuentes, el hormigón autorreparable contribuye a un uso más eficiente de los recursos materiales. Esto no solo reduce el consumo de nuevos materiales, sino que también disminuye la generación de residuos, lo que es esencial para una construcción sostenible (Kakooei et al., 2017). Además, este tipo de hormigón puede incorporar materiales reciclados en su formulación, lo que contribuye aún más a la sostenibilidad del proceso de construcción.

La capacidad del hormigón autorreparable para mantener su integridad estructural a lo largo del tiempo también implica menos interrupciones en el uso de infraestructuras. Esto es particularmente importante en áreas urbanas, donde las reparaciones pueden causar congestión y afectar la calidad de vida de los residentes. Al minimizar estas interrupciones, el hormigón autorreparable no solo mejora la sostenibilidad ambiental, sino que también apoya el bienestar social.

En resumen, el hormigón autorreparable se basa en principios interdisciplinares que integran química, biología, física y ingeniería de materiales para ofrecer una solución innovadora y sostenible a los desafíos de la construcción moderna. A medida que se desarrollan y optimizan estos principios, se espera que el hormigón autorreparable transforme la industria de la construcción, proporcionando estructuras más duraderas y sostenibles.

1.3 Tipos de Hormigón Autorreparable

El hormigón autorreparable es un avance significativo en la ingeniería de materiales, diseñado para mejorar la durabilidad y sostenibilidad de las estructuras de hormigón. Existen varios tipos de hormigón autorreparable, cada uno con características y mecanismos de reparación específicos. A continuación, se describen los tipos más destacados, sus principios de funcionamiento y aplicaciones.

1.3.1 Hormigón Autorreparable Basado en Microorganismos

El hormigón autorreparable basado en microorganismos es una innovadora solución en el campo de la construcción que busca mejorar la durabilidad y sostenibilidad de las estructuras de hormigón. Este tipo de hormigón incorpora microorganismos que, al entrar en contacto con el agua y los nutrientes, pueden precipitar carbonato de calcio, lo que permite sellar fisuras y grietas que se forman con el tiempo. Este proceso no solo prolonga la vida útil del hormigón, sino que también reduce la necesidad de reparaciones costosas y el uso de materiales adicionales.

El principio detrás del hormigón autorreparable se basa en la bioconstrucción. Los microorganismos, como ciertas especies de bacterias, son encapsulados en el hormigón durante su mezcla. Cuando se producen fisuras, el agua penetra en el hormigón, activando a los microorganismos. Estos microorganismos metabolizan los nutrientes presentes y, como resultado, producen carbonato de calcio, que se deposita en las grietas, sellándolas de manera efectiva (Jonkers, 2011).

Entre las ventajas del hormigón autorreparable se destacan su sostenibilidad, durabilidad y reducción de costos. Al reducir la necesidad de reparaciones y el uso de nuevos materiales, este hormigón contribuye a prácticas de construcción más sostenibles. Además, puede extender significativamente la vida útil de las estructuras, lo que es especialmente beneficioso en entornos agresivos donde el hormigón tradicional podría deteriorarse rápidamente. Aunque la inversión inicial puede ser mayor, los costos a largo plazo se reducen debido a la disminución de las reparaciones y el mantenimiento.

Sin embargo, el hormigón autorreparable basado en microorganismos enfrenta varios desafíos. Uno de los principales es la selección adecuada de microorganismos que sean efectivos en diversas condiciones ambientales. La investigación sobre la viabilidad a largo plazo de estos microorganismos en el hormigón es aún limitada. También es crucial considerar la interacción de estos microorganismos con otros aditivos y componentes del hormigón, lo que puede afectar su rendimiento general (Kakooei et al., 2017).

En conclusión, el hormigón autorreparable basado en microorganismos representa un avance significativo en la ingeniería civil y la construcción sostenible. Su capacidad para reparar automáticamente las fisuras no solo mejora la durabilidad de las estructuras, sino que también promueve un enfoque más ecológico en la construcción. A medida que la investigación avanza y se superan los desafíos actuales, es probable que este tipo de hormigón se convierta en una opción estándar en la industria de la construcción, contribuyendo a un futuro más sostenible y eficiente.

1.3.2 Hormigón Autorreparable con Microcápsulas

El hormigón autorreparable con microcápsulas es una tecnología emergente en el campo de la ingeniería civil que busca abordar las limitaciones del hormigón convencional, especialmente en términos de durabilidad y mantenimiento. Este tipo de hormigón incorpora microcápsulas que contienen agentes de curado, como resinas o productos químicos, diseñados para liberar su contenido cuando se producen fisuras en la estructura. Al liberar estos agentes, se inicia un proceso de curado que permite sellar las grietas, restaurando la integridad del hormigón y prolongando su vida útil.

El funcionamiento del hormigón autorreparable con microcápsulas se basa en el principio de la encapsulación. Durante la fabricación del hormigón, se añaden microcápsulas que pueden ser de diferentes materiales, como polímeros o cerámicas. Cuando el hormigón se agrieta, las microcápsulas se rompen, liberando su contenido en el interior de la grieta. Este contenido reacciona con el agua y otros componentes del hormigón, formando un gel o un material sólido que sella la grieta y previene la penetración de agentes externos, como agua y contaminantes (Wang et al., 2016).

Este tipo de hormigón ofrece varias ventajas significativas. En primer lugar, mejora la durabilidad del material y, por ende, la vida útil de las estructuras. Esto es especialmente importante en entornos donde el hormigón está expuesto a condiciones adversas, como ciclos de congelación y descongelación, o exposición a productos químicos. Además, la implementación de hormigón autorreparable con microcápsulas puede reducir considerablemente los costos de mantenimiento a largo plazo, ya que disminuye la necesidad de reparaciones frecuentes y costosas.

Sin embargo, el hormigón autorreparable con microcápsulas también presenta desafíos. Uno de los principales es la necesidad de investigar y desarrollar microcápsulas que sean efectivas y económicas a gran escala. Además, hay que considerar cómo la inclusión de microcápsulas afecta las propiedades mecánicas del hormigón, como su resistencia y durabilidad. La compatibilidad de los agentes de curado con otros aditivos del hormigón también es un aspecto crítico que debe ser estudiado para garantizar un rendimiento óptimo (Mechtcherine et al., 2016).

En conclusión, el hormigón autorreparable con microcápsulas representa un avance importante en la búsqueda de materiales de construcción más duraderos y sostenibles. Su capacidad para sellar automáticamente las grietas al liberar agentes de curado puede revolucionar la forma en que se diseñan y mantienen las estructuras de hormigón. A medida que la investigación continúa y se superan los desafíos actuales, es probable que esta tecnología se integre cada vez más en la práctica de la ingeniería civil, contribuyendo a un futuro más resiliente y eficiente en la construcción.

1.3.3 Hormigón Autorreparable con Polímeros Expansibles

El hormigón autorreparable con polímeros expansibles es una innovación que busca mejorar la durabilidad y la resistencia del hormigón frente a fisuras y grietas. Este tipo de hormigón incorpora aditivos de polímeros que, al entrar en contacto con el agua o al ser activados por cambios ambientales, se expanden y llenan automáticamente las fisuras que se forman en la estructura. Esta capacidad de auto-reparación no solo prolonga la vida útil del hormigón, sino que también reduce significativamente la necesidad de reparaciones manuales y el consumo de recursos adicionales.

El mecanismo de funcionamiento del hormigón autorreparable con polímeros expansibles se basa en la reacción de estos polímeros al agua o a cambios de temperatura. Durante la fabricación del hormigón, se integran microcápsulas o partículas de polímero que, al detectarse la presencia de agua, se expanden. Esta expansión permite que el polímero llene las grietas, formando un sellado eficaz que evita la infiltración de humedad y otros agentes dañinos que pueden comprometer la integridad estructural del hormigón (Le et al., 2012).

Entre las ventajas de utilizar hormigón autorreparable con polímeros expansibles se encuentra su capacidad para mejorar la resistencia y durabilidad del material. La expansión de los polímeros no solo sella las grietas, sino que también puede ayudar a reforzar las áreas afectadas, lo que resulta en una mayor vida útil de las estructuras. Además, al reducir la necesidad de reparaciones frecuentes, se minimizan los costos de mantenimiento a largo plazo, haciendo de esta tecnología una opción viable y económica para proyectos de construcción.

Sin embargo, existen desafíos asociados con el uso de polímeros expansibles en hormigón. Uno de los principales es garantizar la compatibilidad de estos polímeros con el cemento y otros aditivos utilizados en la mezcla. La investigación sobre la durabilidad y el comportamiento de estos polímeros a lo largo del tiempo también es esencial, ya que se requiere un rendimiento constante bajo diversas condiciones ambientales (Zhang et al., 2016). Además, se necesita un análisis detallado de cómo la inclusión de polímeros afecta las propiedades mecánicas del hormigón, como su resistencia a la compresión y la tracción.

En conclusión, el hormigón autorreparable con polímeros expansibles representa un avance significativo en la tecnología de construcción, ofreciendo una solución efectiva para mejorar la durabilidad del hormigón y reducir los costos de mantenimiento. Su capacidad para sellar automáticamente las fisuras y mejorar la resistencia estructural puede revolucionar la forma en que se diseñan y mantienen las infraestructuras. A medida que la investigación avanza y se abordan los desafíos existentes, este tipo de hormigón tiene el potencial de convertirse en una opción estándar en la industria de la construcción, contribuyendo a un futuro más sostenible y eficiente.

1.3.4 Hormigón Autorreparable con Aditivos Químicos

El hormigón autorreparable con aditivos químicos es una innovación que busca mejorar la durabilidad y la longevidad de las estructuras de hormigón mediante la incorporación de sustancias químicas que reaccionan ante la formación de fisuras. Estos aditivos están diseñados para activarse cuando se detecta una grieta, permitiendo que se forme un gel o un material sólido que sella la fisura, restaurando así la integridad del hormigón.

El funcionamiento de este tipo de hormigón se basa en la química de los aditivos. Al mezclar estos compuestos con el hormigón, se preparan para reaccionar cuando el agua ingresa a las grietas. Por ejemplo, algunos aditivos químicos pueden liberar agentes selladores que, al entrar en contacto con el agua, se expanden y forman un material que sella la grieta. Esta reacción puede ser instantánea o progresiva, dependiendo de la formulación del aditivo (Ramakrishnan et al., 2009).

Las ventajas de utilizar hormigón autorreparable con aditivos químicos son notables. En primer lugar, este enfoque puede prolongar significativamente la vida útil de las estructuras, minimizando el deterioro y la necesidad de reparaciones. Esto es especialmente valioso en entornos donde el hormigón está expuesto a condiciones adversas, como la humedad y la corrosión. Además, la implementación de aditivos químicos puede ser más rentable a largo plazo, ya que reduce los costos de mantenimiento y aumenta la eficiencia de los recursos utilizados en la construcción.

A pesar de los beneficios, también existen desafíos asociados con el uso de aditivos químicos. Uno de los principales es la necesidad de investigar la compatibilidad de estos aditivos con los componentes del hormigón, así como su efectividad a largo plazo. También es esencial evaluar cómo la inclusión de estos aditivos afecta las propiedades mecánicas del hormigón, como su resistencia a la compresión y su durabilidad bajo condiciones extremas (Mechtcherine et al., 2016).

En términos de aplicaciones, el hormigón autorreparable con aditivos químicos es adecuado para una variedad de estructuras, desde edificios hasta puentes y pavimentos. Su capacidad para reparar automáticamente las fisuras puede ser particularmente beneficiosa en infraestructuras críticas donde la seguridad y la durabilidad son primordiales. A medida que la investigación avanza en esta área, se espera que se desarrollen formulaciones más efectivas y sostenibles que maximicen el rendimiento del hormigón autorreparable.

1.3.5 Hormigón Autorreparable con Nanomateriales

El hormigón autorreparable con nanomateriales es una innovadora tecnología que busca mejorar las propiedades mecánicas y la durabilidad del hormigón mediante la incorporación de nanopartículas. Estos materiales a escala nanométrica, como el óxido de grafeno, nanotubos de carbono y nanopartículas de sílice, aportan características únicas que pueden optimizar el desempeño del hormigón, facilitando su capacidad de auto-reparación.

Los nanomateriales pueden mejorar la cohesión y la resistencia del hormigón, así como su impermeabilidad. Por ejemplo, las nanopartículas de sílice pueden rellenar los poros en la microestructura del hormigón, lo que reduce la permeabilidad y, por ende, la entrada de agua y agentes agresivos que pueden causar fisuras. Cuando se producen grietas, la presencia de estos nanomateriales puede facilitar la activación de procesos de auto-reparación, ya que crean un entorno propicio para que los agentes de curado, ya sean químicos o biológicos, funcionen de manera más efectiva (Zhang et al., 2016).

Una de las ventajas más significativas del hormigón autorreparable con nanomateriales es su capacidad para mejorar la durabilidad de las estructuras. La utilización de estos materiales puede resultar en un hormigón más resistente a la corrosión, a los ciclos de congelación-descongelación y a otros factores ambientales adversos. Esto es particularmente relevante en infraestructuras expuestas a condiciones extremas, como puentes y túneles, donde la integridad del material es crítica (Al-Tabbaa & Azzam, 2015).

Sin embargo, la incorporación de nanomateriales también presenta desafíos. Uno de los principales es la variabilidad en el comportamiento de los nanomateriales dependiendo de su origen y proceso de fabricación. Esto puede afectar la consistencia del rendimiento del hormigón y complicar su producción a gran escala. Además, la interacción entre los nanomateriales y los componentes del hormigón debe ser cuidadosamente estudiada para evitar efectos no deseados que puedan comprometer la resistencia y durabilidad del material (Kaur & Singh, 2023).

La investigación en hormigón autorreparable con nanomateriales aún está en sus etapas iniciales, pero los resultados preliminares son prometedores. A medida que se desarrollan y optimizan nuevas formulaciones, es probable que estas tecnologías se implementen más ampliamente en la industria de la construcción, ofreciendo soluciones efectivas para mejorar la sostenibilidad y la resiliencia de las infraestructuras.

1.3.6 Hormigón Autorreparable con Sistemas de Monitoreo

El hormigón autorreparable con sistemas de monitoreo es una tendencia emergente en la ingeniería civil que combina la capacidad de auto-reparación del hormigón con tecnologías avanzadas de monitoreo para garantizar la integridad estructural de las edificaciones. Este enfoque no solo permite la identificación temprana de fisuras, sino que también optimiza el proceso de reparación automática, mejorando la seguridad y la durabilidad de las estructuras.

La implementación de sistemas de monitoreo en hormigón autorreparable implica el uso de sensores integrados que pueden detectar cambios en las condiciones del material, como la formación de grietas o la humedad. Estos sensores envían datos en tiempo real a una plataforma de gestión, permitiendo a los ingenieros y técnicos evaluar el estado del hormigón de manera continua. Al combinar esta información con las capacidades de auto-reparación del hormigón, se puede activar el proceso de reparación en el momento adecuado, garantizando así que las fisuras se cierren antes de que se conviertan en problemas mayores (Henkensiefken & Schlangen, 2015).

Una de las principales ventajas de este enfoque es la mejora en la gestión del ciclo de vida del hormigón. Los sistemas de monitoreo permiten un mantenimiento proactivo, en lugar de reactivo, lo que significa que se pueden realizar intervenciones antes de que las grietas se agraven. Esto no solo prolonga la vida útil de las estructuras, sino que también reduce los costos de reparación y mantenimiento a largo plazo. Además, la integración de tecnologías de monitoreo puede aumentar la confianza de los propietarios y las autoridades en la seguridad de las infraestructuras, especialmente en aplicaciones críticas como puentes y edificios de gran altura.

Sin embargo, la implementación de hormigón autorreparable con sistemas de monitoreo también presenta desafíos. Uno de ellos es la complejidad en la instalación y mantenimiento de los sistemas de monitoreo, que requieren inversiones iniciales significativas. Además, es necesario garantizar que los sensores sean compatibles con el hormigón y que no afecten negativamente sus propiedades mecánicas. La duración y la fiabilidad de los dispositivos de monitoreo bajo condiciones adversas también son aspectos que deben ser evaluados (Tittelboom & De Belie, 2013).

En conclusión, el hormigón autorreparable con sistemas de monitoreo representa un avance significativo en la ingeniería de materiales. Este enfoque no solo mejora la capacidad de reparación del hormigón, sino que también optimiza la gestión de su estado a lo largo del tiempo. A medida que la tecnología avanza y se superan los desafíos actuales, es probable que esta sinergia entre auto-reparación y monitoreo se convierta en un estándar en la construcción, contribuyendo a estructuras más seguras y sostenibles.

1.4 Ventajas del Hormigón Autorreparable

Durabilidad Mejorada

Una de las ventajas más significativas del hormigón reparable es su capacidad para prolongar la vida útil de las estructuras. Al sellar automáticamente las grietas que se forman debido a la tensión o la exposición a condiciones ambientales adversas, este tipo de hormigón reduce la necesidad de reparaciones frecuentes y costosas. Esto no solo mejora la durabilidad de las estructuras, sino que también disminuye el riesgo de fallos estructurales (Al-Tabbaa & Azzam, 2015).

Reducción de Costos de Mantenimiento

El uso de hormigón reparable puede resultar en una considerable reducción de los costos de mantenimiento a largo plazo. Al minimizar la necesidad de intervenciones manuales para reparar daños, se ahorran recursos económicos y humanos. Esto es especialmente beneficioso en infraestructuras críticas, donde el tiempo de inactividad y los costos de reparación pueden ser significativos (Lepech & Li, 2008).

Sostenibilidad Ambiental

El hormigón autorreparable contribuye a la sostenibilidad ambiental al reducir la cantidad de materiales necesarios para reparaciones. Al evitar la demolición y reconstrucción de secciones dañadas, se disminuye el desperdicio de materiales y se reduce la huella de carbono asociada con la producción de nuevos materiales de construcción. Además, algunos tipos de hormigón reparable utilizan bacterias que son biodegradables y no dañan el medio ambiente (Jonkers & Schlangen, 2007).

Mejora de la Seguridad Estructural

La capacidad del hormigón reparable para auto-sellar grietas contribuye a una mayor seguridad estructural. Al prevenir la propagación de daños, se reduce el riesgo de colapsos o fallos estructurales que podrían poner en peligro la vida de las personas. Esto es especialmente crítico en edificios y puentes que soportan cargas pesadas o están expuestos a condiciones climáticas extremas (Henkensiefken & Schlangen, 2015).

Versatilidad en Aplicaciones

El hormigón reparable es versátil y puede aplicarse en una variedad de contextos, desde edificios residenciales hasta infraestructuras viales y puentes. Su capacidad para adaptarse a diferentes condiciones y requisitos de diseño lo convierte en una opción ideal para arquitectos e ingenieros que buscan soluciones innovadoras y efectivas para la construcción moderna (Al-Tabbaa & Azzam, 2015).

Aumento de la Eficiencia en la Construcción

La implementación de hormigón reparable puede aumentar la eficiencia en los procesos de construcción. Al reducir la necesidad de reparaciones posteriores, los proyectos pueden completarse más rápidamente y con menos interrupciones. Esto es particularmente beneficioso en proyectos de gran escala donde el tiempo es un factor crítico (Lepech & Li, 2008).

1.5 Aplicación del Hormigón Autorreparable

El hormigón autorreparable es una innovación en la ingeniería de materiales que ha ganado atención en las últimas décadas debido a su capacidad para mejorar la durabilidad y sostenibilidad de las estructuras de hormigón. Este tipo de hormigón tiene aplicaciones en diversas áreas, desde la construcción de edificios hasta la infraestructura vial y puentes. A continuación, se detallan algunas de las aplicaciones más relevantes del hormigón autorreparable.

Una de las aplicaciones más comunes del hormigón autorreparable es en la construcción de edificios. Este material puede ser utilizado en estructuras residenciales y comerciales, donde la prevención de daños es crucial para la seguridad y la longevidad del edificio. Al sellar automáticamente las grietas que pueden formarse debido a la tensión estructural o cambios ambientales, el hormigón autorreparable reduce la necesidad de reparaciones frecuentes y costosas (Van Tittelboom et al., 2010).

El hormigón autorreparable también se aplica en la construcción de carreteras y pavimentos. Las superficies de las carreteras están sujetas a un desgaste constante debido al tráfico y las condiciones climáticas. Al utilizar hormigón autorreparable, se puede prolongar la vida útil de las carreteras, minimizando el mantenimiento y mejorando la seguridad vial. Esto es especialmente importante en áreas con climas extremos, donde las grietas pueden formarse rápidamente (Henkensiefken & Schlangen, 2015).

Los puentes son estructuras críticas que requieren un mantenimiento constante para garantizar la seguridad de los usuarios. La aplicación de hormigón autorreparable en la construcción de puentes puede ayudar a prevenir el deterioro y las fallas estructurales. Este tipo de hormigón puede sellar grietas que, de no ser tratadas, podrían comprometer la integridad del puente. Además, al reducir la necesidad de reparaciones, se minimizan las interrupciones en el tráfico y se optimizan los costos de mantenimiento (Lepech & Li, 2008).

Las presas y otras estructuras hidráulicas están expuestas a condiciones extremas y pueden sufrir daños debido a la presión del agua y la erosión. El hormigón autorreparable puede ser utilizado en estas aplicaciones para garantizar que las grietas se sellan automáticamente, lo que ayuda a mantener la seguridad y la funcionalidad de estas estructuras críticas. Esto es especialmente relevante en el contexto del cambio climático, donde las condiciones ambientales pueden ser más impredecibles (Al-Tabbaa & Azzam, 2015).

El hormigón autorreparable también tiene aplicaciones en la restauración de edificios históricos. Al utilizar este material, se puede preservar la integridad estructural de las edificaciones antiguas mientras se minimiza el impacto visual de las reparaciones. Esto es esencial para mantener el valor histórico y cultural de estos edificios, al tiempo que se asegura su longevidad (Jonkers & Schlangen, 2007).

1.6 Desafíos y Futuro del Hormigón Autorreparable

El hormigón autorreparable ha emergido como una solución innovadora en la construcción, prometiendo mejorar la durabilidad y sostenibilidad de las estructuras. Este material, que tiene la capacidad de sellar automáticamente grietas a medida que se forman, ofrece un potencial significativo para transformar la manera en que se diseñan y mantienen las infraestructuras. Sin embargo, su implementación a gran escala enfrenta varios desafíos que deben ser abordados para asegurar su éxito en el futuro.

Desafíos Actuales

Uno de los principales obstáculos para la adopción del hormigón autorreparable es el costo de producción. La incorporación de aditivos, como bacterias o microcápsulas, puede aumentar significativamente el precio del hormigón en comparación con el hormigón convencional. Esto puede ser un impedimento para su uso en proyectos de construcción donde el presupuesto es una preocupación primordial (Zhao et al., 2022). A pesar de que se espera que los costos disminuyan con el avance de la tecnología y la producción a gran escala, la inversión inicial requerida puede desincentivar a los constructores y desarrolladores.

La falta de normas y regulaciones estandarizadas para el hormigón autorreparable es otro desafío importante. La industria de la construcción está altamente regulada, y la introducción de nuevos materiales requiere la validación de su rendimiento y seguridad. Sin estándares claros, los ingenieros y arquitectos pueden ser reacios a adoptar esta tecnología (Zheng et al., 2021). La creación de normativas específicas para el hormigón autorreparable podría facilitar su aceptación y fomentar su uso en proyectos de infraestructura, pero este proceso puede ser lento y complicado.

La implementación efectiva del hormigón autorreparable requiere un cambio en la mentalidad de los profesionales de la construcción. Muchos ingenieros y arquitectos aún no están familiarizados con las propiedades y beneficios de este material. Por lo tanto, es esencial proporcionar capacitación y educación sobre su uso y aplicación (Kaur & Singh, 2023). Sin una comprensión clara de cómo funciona el hormigón autorreparable, es poco probable que los profesionales lo utilicen en sus diseños. Iniciativas de capacitación y programas educativos pueden ser clave para expandir su uso en la industria.

Durabilidad a Largo Plazo

Aunque el hormigón autorreparable ha demostrado ser efectivo en pruebas de laboratorio, su rendimiento a largo plazo en condiciones reales aún necesita ser evaluado. Las condiciones ambientales, como la exposición a ciclos de humedad y sequedad, pueden afectar la eficacia de los mecanismos de autorreparación (Ravikar et al., 2023). Además, es crucial evaluar cómo el envejecimiento del material influye en su capacidad de autorreparación a lo largo del tiempo. La investigación continua en este ámbito es fundamental para garantizar su viabilidad a largo plazo, especialmente en entornos desafiantes.

El hormigón autorreparable tiene el potencial de reducir el desperdicio de materiales y prolongar la vida útil de las estructuras, pero la producción de los aditivos necesarios puede tener un impacto ambiental significativo. Es crucial evaluar el ciclo de vida completo del hormigón autorreparable para asegurar que sus beneficios superen sus desventajas ambientales (Tittelboom & De Belie, 2013). Esto incluye considerar la producción y eliminación de los aditivos y cómo se compara con el hormigón convencional. La sostenibilidad es un factor cada vez más importante en la construcción moderna, y cualquier nueva tecnología debe alinearse con estos objetivos.

La variabilidad en el comportamiento del hormigón autorreparable también puede dificultar su implementación. Diferentes proporciones de mezcla, tipos de aditivos y condiciones de curado pueden influir en la eficacia del material. La inconsistencia en la calidad del hormigón autorreparable puede generar desconfianza en su uso (İpek et al., 2023). Por lo tanto, es fundamental establecer procedimientos de ensayo y control de calidad que aseguren un rendimiento uniforme en diversas condiciones. La investigación sobre cómo optimizar estas variables es esencial para desarrollar un producto confiable.

La aceptación del mercado es otro factor crítico que afecta la implementación del hormigón autorreparable. La resistencia al cambio en la industria de la construcción, combinada con la falta de información sobre los beneficios del hormigón autorreparable, puede dificultar su adopción. Es esencial demostrar sus ventajas en proyectos reales y proporcionar evidencia de su eficacia y beneficios económicos a largo plazo (Lesovik et al., 2021). La promoción de casos de estudio exitosos puede ayudar a superar estas barreras y fomentar la confianza en el material.

A pesar de estos desafíos, el futuro del hormigón autorreparable es prometedor. A medida que la tecnología avanza, se están desarrollando nuevas soluciones que podrían superar los obstáculos actuales.

La inversión en investigación y desarrollo es fundamental para mejorar las propiedades del hormigón autorreparable. Nuevos enfoques, como el uso de nanomateriales y aditivos biológicos, están siendo explorados para aumentar la eficacia y reducir los costos de producción. La colaboración entre universidades, institutos de investigación y la industria será clave para impulsar estos avances (Lesovik et al., 2021). Además, la investigación en nuevos métodos de curado y en la optimización de mezclas puede mejorar la durabilidad y la capacidad de autorreparación del hormigón. La creación de redes de colaboración será esencial para maximizar el potencial de estas innovaciones.

A medida que más estudios demuestran la eficacia del hormigón autorreparable, es probable que se desarrollen estándares y certificaciones específicas. Esto facilitará su adopción en proyectos de construcción y aumentará la confianza de los profesionales en su uso (Zheng et al., 2021). La creación de un marco regulatorio claro también incentivará a las empresas a invertir en esta tecnología. Las certificaciones pueden servir como un sello de garantía, lo que permitirá a los constructores y propietarios de proyectos sentirse más seguros al optar por este tipo de hormigón.

La creación de conciencia sobre los beneficios del hormigón autorreparable es esencial. Programas de educación y capacitación para ingenieros, arquitectos y constructores pueden ayudar a difundir el conocimiento sobre este material y sus aplicaciones, fomentando su uso en proyectos futuros (Kaur & Singh, 2023). Iniciativas como talleres, seminarios y conferencias pueden ser efectivas para informar a los profesionales sobre los avances en la tecnología del hormigón autorreparable. Además, la divulgación en medios de comunicación y plataformas digitales puede ayudar a llegar a un público más amplio, incluyendo a estudiantes y nuevos profesionales.

La integración del hormigón autorreparable con tecnologías emergentes, como la inteligencia artificial y el monitoreo en tiempo real, puede mejorar su rendimiento. Por ejemplo, sistemas de sensores podrían detectar grietas y activar mecanismos de reparación automáticamente, optimizando así la durabilidad de las estructuras (Ravikar et al., 2023). Esta combinación de tecnologías no solo aumentaría la eficacia del hormigón autorreparable, sino que también proporciona datos valiosos para su análisis y mejora continua. La digitalización en la construcción promete revolucionar la forma en que se gestionan y mantienen las infraestructuras.

A medida que la industria de la construcción se mueve hacia prácticas más sostenibles, el hormigón autorreparable puede desempeñar un papel crucial en la economía circular. Su capacidad para prolongar la vida útil de las estructuras y reducir la necesidad de nuevos materiales se alinea con los objetivos de sostenibilidad globales (Zhao et al., 2022). Además, el uso de materiales reciclados y sostenibles en la producción de hormigón autorreparable puede contribuir a una reducción adicional de la huella de carbono de la construcción. La búsqueda de soluciones sostenibles se está convirtiendo en un imperativo en la construcción moderna, y el hormigón autorreparable puede ser parte integral de esta transformación.

El desarrollo de nuevos aditivos que mejoren las propiedades del hormigón autorreparable es una vía prometedora para su futuro. Investigaciones están en curso para encontrar materiales que no solo mejoren la capacidad de autorreparación, sino que también sean más económicos y sostenibles. Por ejemplo, algunos estudios están explorando el uso de subproductos industriales como aditivos, lo que podría reducir el impacto ambiental y los costos de producción (İpek et al., 2023).

CAPÍTULO 2

Nanotecnología

2.1 Introducción

La nanotecnología ha emergido como una fuerza transformadora en la industria de la construcción, revolucionando la forma en que se diseñan y fabrican los materiales. Esta tecnología se basa en la manipulación de la materia a escala nanométrica, lo que permite modificar las propiedades de los materiales para mejorar su rendimiento y funcionalidad. Las aplicaciones de la nanotecnología en la construcción son amplias, abarcando desde la mejora de la resistencia y durabilidad de los materiales hasta la creación de soluciones innovadoras para problemas ambientales.

A medida que la demanda de edificaciones más sostenibles y eficientes continúa creciendo, la nanotecnología se presenta como una respuesta viable a estos desafíos. Los nanomateriales, con sus propiedades únicas, permiten la creación de estructuras que son más resistentes, duraderas y adaptativas. Por ejemplo, el uso de nanocompuestos en el concreto no solo mejora su resistencia mecánica, sino que también puede aumentar su durabilidad frente a condiciones ambientales adversas (Vega-Baudrit & Juárez-Moreno, 2024). Además, los recubrimientos avanzados, que incorporan tecnología nanométrica, ofrecen características como la autolimpieza y la resistencia a la corrosión, prolongando la vida útil de las edificaciones y reduciendo los costos de mantenimiento.

La implementación de la nanotecnología en la construcción ofrece un potencial revolucionario, aunque enfrenta desafíos clave como la falta de regulaciones específicas y la necesidad de investigar más a fondo la seguridad de los nanomateriales (Roco, 2005). Este capítulo examinará desde las propiedades fundamentales de los materiales nanotecnológicos hasta sus aplicaciones específicas en hormigón, nanotubos de carbono, y nanocompuestos, así como en el desarrollo de materiales autolimpiables y duraderos. Además, explorará el papel de los nanosensores para la monitorización de estructuras y analizará el impacto ambiental de estas innovaciones.

2.2 Propiedades y Características de los Materiales Nanotecnológicos

La nanotecnología ha permitido el desarrollo de materiales con propiedades únicas que no son alcanzables con los materiales convencionales. Estas propiedades son el resultado de la manipulación de la materia a nivel atómico y molecular, lo que permite optimizar características físicas, químicas y mecánicas.

Los materiales nanotecnológicos se definen por su tamaño, que varía entre 1 y 100 nanómetros. A esta escala, los materiales exhiben propiedades que son drásticamente diferentes de sus contrapartes a escala macro debido a fenómenos como el efecto cuántico y la mayor relación superficie-volumen. El efecto cuántico provoca que las propiedades electrónicas se comporten de manera diferente, mientras que la mayor relación superficie-volumen significa que las propiedades superficiales juegan un papel más importante, como se observa en las nanopartículas de plata, que son altamente efectivas como antimicrobianos (Cámara Argentina de la Construcción, 2019).

Entre las propiedades mecánicas más destacadas de los nanomateriales se encuentran su alta resistencia y flexibilidad. Por ejemplo, los nanotubos de carbono poseen una resistencia a la tracción que supera los 130 GPa, lo que los hace más fuertes que el acero, pero mucho más ligeros (INSST, 2023). Esta combinación de resistencia y flexibilidad es ideal para aplicaciones en estructuras que requieren tanto durabilidad como capacidad para absorber tensiones. Además, algunos nanomateriales presentan dureza comparable a la del diamante, lo que abre nuevas posibilidades para recubrimientos protectores en entornos extremos (Repsol, 2023).

En cuanto a la conductividad eléctrica y térmica, los materiales nanotecnológicos presentan propiedades sobresalientes. El grafeno es conocido por su excepcional conductividad eléctrica, con una movilidad de electrones que puede alcanzar hasta 200,000 $cm^2/V \cdot s$ (UPM, 2017), lo que lo convierte en un material prometedor para aplicaciones electrónicas avanzadas. Su alta conductividad térmica, cercana a 5000 W/mK, permite el desarrollo de nuevos dispositivos electrónicos más eficientes y compactos (INSST, 2023).

Las propiedades ópticas de los nanomateriales son igualmente fascinantes y tienen aplicaciones prácticas significativas. Las nanopartículas pueden ser diseñadas para absorber o emitir luz en longitudes de onda específicas; por ejemplo, las nanopartículas de oro pueden cambiar su color dependiendo del tamaño y forma debido al fenómeno conocido como resonancia plasmónica (Cámara Argentina de la Construcción, 2019). Además, recubrimientos basados en dióxido de titanio (TiO2) son utilizados en aplicaciones autolimpiantes gracias a su capacidad fotocatalítica para descomponer contaminantes bajo luz UV.

Las aplicaciones prácticas de estos materiales son vastas en el sector de la construcción. La incorporación de nanopartículas como sílice o grafeno en el concreto mejora significativamente sus características mecánicas y durabilidad. Esto resulta en estructuras más resistentes a condiciones ambientales adversas y reduce el riesgo de agrietamiento (Cámara Argentina de la Construcción, 2019). Asimismo, los nanomateriales se utilizan para desarrollar aislantes térmicos más eficientes, reduciendo significativamente las pérdidas energéticas en edificios (Repsol, 2023). Además, la integración de sensores basados en nanomateriales permite el monitoreo continuo del estado estructural, detectando cambios sutiles que podrían indicar problemas antes de que se conviertan en fallas graves (INSST, 2023).

Con su capacidad para ofrecer alta resistencia mecánica, conductividad superior y propiedades ópticas avanzadas, estos materiales no solo mejoran el rendimiento estructural, sino que también promueven prácticas más sostenibles e innovadoras. A medida que avanza la investigación en este campo, es probable que veamos aún más aplicaciones transformadoras que impacten positivamente nuestra forma de construir.

2.3 Nanotubos de carbono

Los nanotubos de carbono (NTC) están emergiendo como un material innovador en la construcción civil, gracias a sus propiedades mecánicas excepcionales y su capacidad para mejorar la durabilidad y resistencia de los materiales de construcción. Estas estructuras tubulares, que pueden ser de pared simple o múltiple, tienen un diámetro del orden de nanómetros y son conocidas por su alta resistencia a la tracción, flexibilidad y conductividad eléctrica y térmica. Su incorporación en compuestos como el cemento ha demostrado mejorar significativamente las propiedades mecánicas de estos materiales, incluso en pequeñas cantidades. Por ejemplo, investigaciones recientes han mostrado que la adición de nanotubos de carbono funcionalizados puede aumentar la resistencia del cemento hasta en un 170% (Universidad Europea, 2023).

Figura 2

Ilustración de un nanotubo de carbono

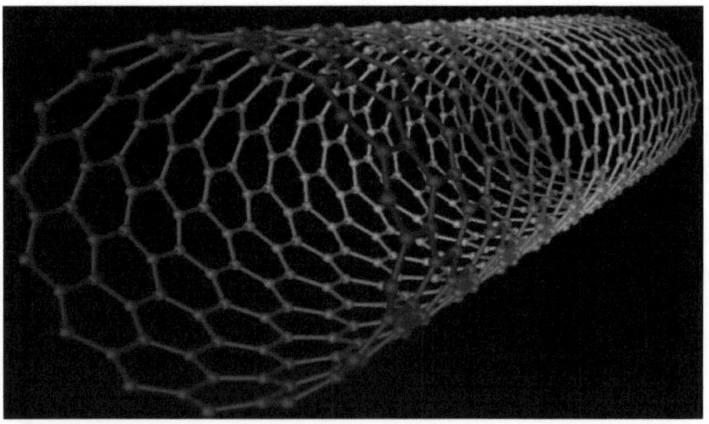

Fuente: Nanotec

La funcionalización de los nanotubos es un aspecto crucial para maximizar su efectividad en mezclas de cemento. Estudios han indicado que los nanotubos funcionalizados, que presentan grupos químicos específicos en su superficie, interactúan mejor con el cemento, lo que resulta en una hidratación más rápida y una mejora del 20% en la resistencia del material (Universidad Europea, 2023). Esta interacción se debe a la atracción electrostática entre los grupos polares en la superficie del nanotubo y los componentes del cemento. Además, su capacidad para rellenar espacios vacíos en la microestructura del cemento contribuye a la reducción de porosidad y mejora las propiedades mecánicas generales (Marcondes, 2012).

Los nanotubos de carbono también ofrecen otras aplicaciones interesantes en el ámbito de la construcción civil. Por ejemplo, se están utilizando para desarrollar estructuras inteligentes que pueden monitorizar su propio estado. Investigadores han propuesto integrar nanotubos en vigas y otros elementos estructurales para crear canales de comunicación que permitan el monitoreo continuo de la salud estructural (Agencia SINC, 2023). Esta tecnología puede revolucionar el mantenimiento de infraestructuras al permitir una evaluación más precisa y menos costosa del deterioro con el tiempo.

Además, los nanotubos son utilizados para crear materiales autorreparables y sensores que responden a estímulos ambientales. Esto incluye la posibilidad de desarrollar compuestos que no solo sean resistentes a condiciones adversas, sino que también puedan adaptarse a cambios en temperatura o humedad (Dooko, 2023). Estas características hacen que los nanotubos sean ideales para aplicaciones donde se requiere un alto rendimiento bajo condiciones extremas.

Sin embargo, la incorporación de nanotubos de carbono en mezclas de concreto presenta desafíos. La distribución homogénea de estos nanomateriales en la mezcla es crucial para maximizar sus beneficios. Técnicas como el ultrasonido se están explorando para lograr una dispersión adecuada de los nanotubos en soluciones acuosas o aceitosas, lo que facilita su integración efectiva en los materiales (Marcondes, 2012). A pesar de estos desafíos técnicos, el potencial de los nanotubos de carbono para transformar la construcción civil es significativo.

2.4 Nanopartículas en Hormigones y Cementos

Las nanopartículas están transformando los hormigones y cementos, aportando mejoras significativas en sus propiedades mecánicas y funcionales. Estas partículas, que tienen dimensiones en la escala nanométrica (menos de 100 nanómetros), se integran en las mezclas de cemento para modificar su microestructura y mejorar su rendimiento. La adición de nanopartículas como la nano sílice (n.SiO2), nano óxido de titanio (n.TiO2) y nanotubos de carbono (NTC) ha demostrado influir positivamente en el proceso de hidratación del cemento a diferentes escalas: nano, micro y macro. Estas nanopartículas actúan como núcleos activos que incrementan la hidratación del cemento, mejorando sus propiedades resistentes, reduciendo su porosidad y la retracción del hormigón que causa fisuras, así como su posible posterior degradación (Expocihachub, 2023; Grinder, 2023).

Figura 3

Mejoramiento de la microestructura del concreto mediante el uso de nanopartículas

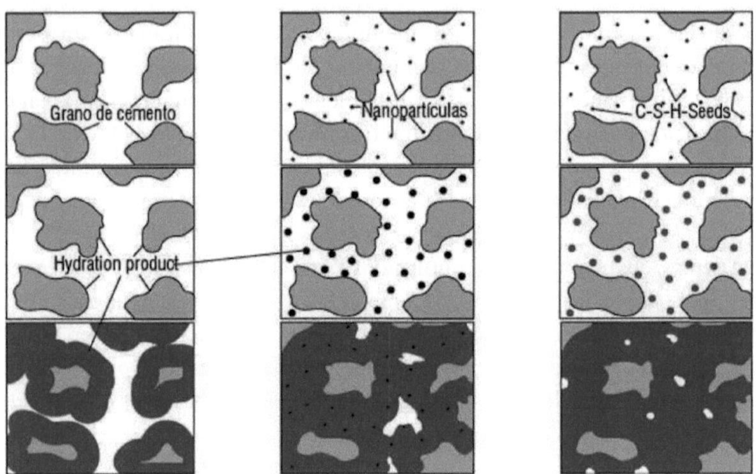

Fuente: Construyendo mejores proyectos

2.4.1 Efectos de las Nanopartículas en la Estructura del Hormigón

La incorporación de nanopartículas en el hormigón tiene un impacto notable en su microestructura. Estas partículas rellenan los huecos entre los granos de cemento y entre los áridos, lo que resulta en una mayor densidad del gel de silicato cálcico hidratado (C-S-H). Este gel es crucial para la resistencia del hormigón; al aumentar su densidad, se incrementa la resistencia a la disolución del carbonato cálcico presente en la matriz del hormigón. Además, la presencia de nanopartículas reduce las cantidades de hidróxido cálcico (Ca(OH)2) y el gel C-S-H de menor densidad, lo que contribuye a una mejora general en las propiedades mecánicas del material (Grinder, 2023; Expocihachub, 2023).

2.4.2 Nanopartículas Específicas y sus Beneficios

- Nano Sílice: La nano sílice es especialmente efectiva para mejorar la resistencia y durabilidad del hormigón. Su alta reactividad permite una mejor hidratación del cemento, lo que resulta en un aumento significativo de la resistencia a compresión y flexión. Además, ayuda a reducir la permeabilidad del hormigón, lo que lo hace más resistente a los ataques químicos (Grinder, 2023).
- Nano Óxido de Titanio: Este material no solo mejora las propiedades mecánicas del hormigón, sino que también introduce características fotocatalíticas que permiten descomponer contaminantes bajo luz UV. Esto significa que el hormigón tratado con nano óxido de titanio puede contribuir a la purificación del aire y a la autolimpieza de las superficies (Expocihachub, 2023).
- Nanotubos de Carbono: Como antes mencionado, los nanotubos de carbono han demostrado ser particularmente eficaces para mejorar las propiedades mecánicas del cemento. Investigaciones indican que incluso pequeñas cantidades de NTC pueden aumentar la resistencia del cemento hasta un 170%. Esto se debe a su capacidad para mejorar la hidratación y aumentar la adherencia entre los componentes del hormigón (Universidad Europea, 2023). Además, los nanotubos pueden ser funcionalizados para optimizar su interacción con el cemento, aumentando aún más su efectividad.

2.4.3 Innovaciones en Conductividad Eléctrica

Un hallazgo notable es que al añadir nanocarbono negro a la mezcla de cemento, se puede transformar el hormigón en un conductor eléctrico. Investigaciones realizadas por el Centro de Sostenibilidad del Hormigón del MIT han demostrado que con solo un 4% de nanocarbono negro se puede lograr que el hormigón transporte corriente eléctrica. Esto abre nuevas oportunidades para aplicaciones innovadoras como sistemas de calefacción integrados en pisos interiores (Expocihachub, 2023). Al convertir el cemento mismo en un conductor de calor, se simplifica la instalación de sistemas de calefacción y se mejora la distribución térmica.

Investigadores también están explorando el uso de nanopartículas biodegradables como los nanocristales de quitina, derivados del caparazón de crustáceos. Estos biopolímeros no solo mejoran la resistencia a la flexión y compresión del cemento hasta un 40%, sino que también contribuyen a reducir residuos marinos al utilizar subproductos alimentarios (Hormigón al Día, 2023). Esta innovación no solo mejora las propiedades mecánicas del hormigón sino que también aborda preocupaciones ambientales al disminuir la huella de carbono asociada con su producción.

2.4.4 Desafíos en la Implementación

A pesar de los beneficios prometedores, existen desafíos técnicos significativos en la incorporación efectiva de nanopartículas en mezclas de concreto. La distribución homogénea es crucial para maximizar sus beneficios; métodos como el ultrasonido y técnicas químicas para funcionalizar las nanopartículas están siendo investigados para mejorar su dispersión (Marcondes, 2012). Además, es fundamental entender cómo estas nanopartículas interactúan con los compuestos resultantes durante el proceso de hidratación del cemento.

2.5 Nanocompuestos Poliméricos en Infraestructuras

Los nanocompuestos poliméricos están emergiendo como una solución innovadora en la construcción de infraestructuras, gracias a sus propiedades mejoradas y su versatilidad en diversas aplicaciones. Estos materiales se caracterizan por la dispersión homogénea de partículas de dimensiones nanométricas (menores de 100 nm) dentro de una matriz polimérica, lo que les confiere propiedades mecánicas, térmicas y eléctricas superiores en comparación con los compuestos convencionales. La incorporación de nanopartículas, como nanotubos de carbono, grafeno y nanoarcillas, ha demostrado ser efectiva para mejorar el rendimiento de los polímeros utilizados en la construcción.

2.5.1 Propiedades Mecánicas y Térmicas

Una de las características más destacadas de los nanocompuestos poliméricos es su mejora en las propiedades mecánicas. Por ejemplo, estudios han demostrado que al añadir nanotubos de carbono (NTC) a matrices de polipropileno, se incrementan significativamente la resistencia a impactos y la rigidez del material. Investigaciones realizadas han evidenciado que al aumentar el contenido de NTC, las propiedades mecánicas del polipropileno mejoran notablemente, lo que permite desarrollar materiales más ligeros y resistentes frente a colisiones (Redalyc, 2023). Este tipo de refuerzo es crucial en aplicaciones donde la resistencia al impacto es fundamental, como en componentes estructurales o recubrimientos.

Además, los nanocompuestos poliméricos presentan mejoras en las propiedades térmicas. La dispersión uniforme de nanopartículas dentro de la matriz polimérica no solo aumenta la rigidez, sino que también mejora la estabilidad térmica del material. Esto es especialmente relevante en entornos donde las temperaturas pueden fluctuar drásticamente, ya que los nanocompuestos pueden mantener sus propiedades estructurales y funcionales bajo condiciones extremas (Zavala Murguía, 2023).

2.5.2 Funcionalidad Mejorada

Los nanocompuestos no solo mejoran las propiedades mecánicas y térmicas; también introducen nuevas funcionalidades. Por ejemplo, el grafeno se ha integrado en matrices poliméricas para crear materiales con alta conductividad eléctrica y térmica. Esta propiedad es esencial para aplicaciones en las que se requiere una rápida disipación del calor o una eficiente conducción eléctrica (SciELO, 2017). Los nanocompuestos basados en grafeno han demostrado ser particularmente útiles en dispositivos electrónicos y sistemas de energía solar, donde su capacidad para conducir electricidad puede ser aprovechada.

Además, los recubrimientos autolimpiables desarrollados a partir de nanocompuestos poliméricos han ganado atención debido a su capacidad para reducir el mantenimiento necesario en infraestructuras. Estos recubrimientos utilizan nanopartículas que permiten la degradación de contaminantes bajo luz UV, lo que resulta en superficies que se mantienen limpias durante más tiempo (CIMAV, 2023).

2.5.3 Aplicaciones en Infraestructura

Las aplicaciones de los nanocompuestos poliméricos en infraestructura son diversas. Se utilizan en la fabricación de materiales compuestos para estructuras inteligentes, donde nanotubos de carbono se integran en vigas y otros elementos estructurales para monitorear su estado. Esta tecnología permite detectar cambios estructurales o deterioro a través de sensores incorporados que envían información sobre el estado del material (Agencia SINC, 2023). Esta capacidad para monitorear el estado estructural es crucial para garantizar la seguridad y durabilidad de grandes obras públicas.

Además, los nanocompuestos están siendo utilizados en recubrimientos para protección contra corrosión. La incorporación de nanopartículas metálicas o cerámicas puede mejorar significativamente la resistencia a la corrosión de estructuras expuestas a ambientes agresivos, prolongando así su vida útil (CIMAV, 2023).

2.5.4 Desafíos y Futuro

A pesar de sus numerosas ventajas, la implementación de nanocompuestos poliméricos enfrenta ciertos desafíos. Uno de los principales obstáculos es garantizar una dispersión homogénea de las nanopartículas dentro de la matriz polimérica. La aglomeración puede reducir significativamente los beneficios esperados. Por ello, se están investigando métodos avanzados para mejorar la dispersión y funcionalización de estas nanopartículas (Zavala Murguía, 2023).

El futuro de los nanocompuestos poliméricos en infraestructuras parece prometedor. Con el continuo desarrollo tecnológico y una mayor comprensión sobre cómo manipular estas estructuras a nivel molecular, es probable que veamos un aumento en su uso no solo en la construcción civil sino también en otras industrias como la automotriz y electrónica.

2.6 Desarrollo de Materiales Autolimpiables

La nanotecnología ha revolucionado el desarrollo de materiales autolimpiables, ofreciendo soluciones innovadoras que mejoran la limpieza y el mantenimiento de diversas superficies. Estos materiales, que utilizan nanopartículas para crear propiedades únicas, están diseñados para eliminar la suciedad y los contaminantes de manera eficiente, reduciendo así la necesidad de limpieza manual y el uso de productos químicos agresivos.

Los materiales autolimpiables se basan en dos principios clave: superhidrofobicidad y fotocatálisis. La superhidrofobicidad se refiere a la capacidad de una superficie para repeler el agua, lo que permite que las gotas de agua se deslicen sobre ella, arrastrando consigo la suciedad y otros contaminantes. Este fenómeno se observa en la naturaleza, como en las hojas de loto, que tienen una estructura superficial que les permite mantenerse limpias (StudySmarter, 2023).

Por otro lado, la fotocatálisis implica el uso de luz (generalmente luz solar) para activar un componente en el material, como el dióxido de titanio (TiO2). Cuando este material se expone a la luz, genera especies reactivas que pueden descomponer partículas de suciedad y microorganismos nocivos. Este proceso no solo mantiene las superficies limpias, sino que también puede desactivar bacterias y virus, lo que es especialmente útil en entornos como hospitales (CIMAV, 2023).

Investigaciones recientes han llevado al desarrollo de pinturas autolimpiables compuestas por nanopartículas de dióxido de titanio recubiertas. Estas pinturas son aplicables a una amplia gama de superficies, incluyendo textiles, vidrio y acero. Un estudio realizado por investigadores del University College London (UCL) ha demostrado que estas nanopartículas no solo son efectivas en condiciones normales, sino que también mantienen su funcionalidad incluso después de ser sometidas a desgaste mecánico o exposición a aceites (UCL Chemistry, 2023).

La pintura autolimpiable creada por el UCL forma un acabado que rechaza el agua y otros líquidos, creando un efecto perlado en la superficie. Cuando se aplica agua sobre esta superficie tratada, las gotas se deslizan y arrastran la suciedad depositada. En experimentos realizados con algodón tratado, este emergió blanco inmaculado después de ser sumergido en agua teñida (Yao Lu et al., 2023). Este tipo de tecnología tiene aplicaciones potenciales en una variedad de sectores, desde la construcción hasta la automoción.

2.6.1 Aplicaciones en Diversos Sectores

Los materiales autolimpiables tienen un amplio rango de aplicaciones. En el sector de la construcción, se utilizan para revestimientos exteriores e interiores que no solo mejoran la estética del edificio sino que también reducen los costos de mantenimiento al minimizar la acumulación de suciedad y contaminantes. Por ejemplo, los vidrios autolimpiantes aplicados en rascacielos ayudan a mantener las ventanas limpias sin necesidad de costosas limpiezas con andamios o grúas (StudySmarter, 2023).

En el ámbito sanitario, las pinturas autolimpiables pueden ser utilizadas en hospitales para crear superficies que no solo son fáciles de limpiar sino que también desactivan patógenos peligrosos. Esto es crucial para prevenir infecciones nosocomiales y mantener ambientes limpios y seguros (CIMAV, 2023).

Además, las pinturas fotocatalíticas están siendo exploradas como soluciones para combatir la contaminación del aire. Estas pinturas pueden atrapar partículas contaminantes y descomponerlas mediante reacciones químicas activadas por la luz ultravioleta. Investigaciones realizadas por el Instituto de Química de Materiales en Viena han mostrado resultados prometedores al utilizar nanopartículas recicladas para crear estas pinturas (Imnovation Hub, 2023). La capacidad para purificar el aire y mantener las fachadas limpias representa un avance significativo hacia ciudades más sostenibles.

A pesar del potencial prometedor de los materiales autolimpiables basados en nanotecnología, existen desafíos significativos que deben abordarse. Uno de los principales obstáculos es garantizar la durabilidad y resistencia al desgaste mecánico de estos materiales tras su aplicación. Aunque las investigaciones han avanzado en este aspecto, es crucial continuar desarrollando formulaciones que mantengan sus propiedades autolimpiantes a lo largo del tiempo (Yao Lu et al., 2023).

El futuro del desarrollo de materiales autolimpiables parece brillante. Se espera que el mercado crezca significativamente en los próximos años debido a la creciente demanda por soluciones sostenibles y eficientes en limpieza. El informe "Markets for Self-Cleaning Coatings and Surfaces: 2015 to 2022" estima un crecimiento del mercado hasta alcanzar aproximadamente 3.3 mil millones de dólares antes del año 2025 (UCL Chemistry, 2023).

2.7 Impacto Ambiental de los Materiales Nanotecnológicos

Uno de los principales problemas asociados con la nanotecnología es la toxicidad potencial de las nanopartículas. Se ha demostrado que algunas nanopartículas son más tóxicas por unidad de masa en comparación con sus contrapartes más grandes debido a su mayor área superficial y reactividad química (The Royal Society, 2004). Esto plantea preocupaciones sobre cómo estas partículas pueden interactuar con organismos vivos y ecosistemas. Por ejemplo, se ha encontrado que las nanopartículas pueden ser absorbidas por organismos del suelo, lo que podría llevar a efectos adversos en la cadena alimentaria (Redalyc, 2015).

Además, el destino ambiental de las nanopartículas es una preocupación creciente. Se estima que una cantidad significativa de nanopartículas generadas termina en rellenos sanitarios o cuerpos de agua, donde su comportamiento y efectos a largo plazo son aún poco comprendidos (Ve et al., 2015). La falta de datos sobre la biodegradabilidad y el impacto acumulativo de estas partículas en el medio ambiente dificulta la evaluación de riesgos y la formulación de regulaciones adecuadas.

2.7.1 Sostenibilidad en el Uso de Nanotecnología

A pesar de los riesgos potenciales, la nanotecnología también ofrece oportunidades significativas para mejorar la sostenibilidad en la ingeniería civil. Los materiales autolimpiables basados en nanotecnología, por ejemplo, pueden reducir la necesidad de productos químicos para limpieza y mantenimiento, minimizando así el impacto ambiental asociado (CIMAV, 2023). Además, los recubrimientos fotocatalíticos pueden ayudar a descomponer contaminantes atmosféricos, contribuyendo a un entorno urbano más limpio (Rickerby et al., 2023).

La capacidad de los nanomateriales para aumentar la eficiencia energética en edificios también es un aspecto clave para promover prácticas sostenibles. Por ejemplo, el uso de nanocompuestos en sistemas aislantes puede reducir significativamente el consumo energético necesario para calefacción y refrigeración (CIMAV, 2023). Esto no solo disminuye las emisiones de gases de efecto invernadero asociadas con el uso de energía sino que también reduce los costos operativos a largo plazo.

2.8 Desafíos en la Aplicación de Nanotecnología en Ingeniería Civil

A pesar del potencial prometedor que ofrece la nanotecnología, su aplicación en ingeniería civil enfrenta varios desafíos:

- Falta de regulación: La regulación del uso y producción de productos nanotecnológicos ha sido un reto debido a la falta de conocimiento sobre los riesgos asociados. Muchos productos nanotecnológicos son considerados nuevos y no están cubiertos por las regulaciones existentes (Nanobiología, 2023). Esto plantea un riesgo tanto para los trabajadores que manejan estos materiales como para el medio ambiente.

- Desconocimiento sobre Toxicidad: La toxicidad potencial de las nanopartículas sigue siendo un área poco explorada. Se necesitan más estudios ecotoxicológicos para entender cómo estas partículas afectan a los organismos vivos y ecosistemas (Ve et al., 2015). Sin esta información, es difícil establecer prácticas seguras para su manejo.
- Costos y Producción: La producción a gran escala y el costo asociado con los materiales nanotecnológicos pueden ser prohibitivos. Aunque se espera que los costos disminuyan con avances tecnológicos, actualmente muchos proyectos enfrentan limitaciones financieras que restringen su implementación (CIMAV, 2023).
- Conciencia Pública: Existe una falta generalizada de comprensión pública sobre los beneficios y riesgos asociados con la nanotecnología. La educación y sensibilización son cruciales para fomentar una aceptación informada por parte del público y facilitar la adopción segura de estas tecnologías (Rickerby et al., 2023).
- La nanotecnología tiene el potencial para revolucionar la ingeniería civil mediante el desarrollo de materiales más eficientes y sostenibles. Sin embargo, es fundamental abordar los desafíos asociados con su aplicación para garantizar que se utilicen de manera segura y responsable. La regulación adecuada, junto con una mayor investigación sobre toxicidad y comportamiento ambiental, será esencial para maximizar los beneficios mientras se minimizan los riesgos asociados con estos innovadores materiales.

La nanotecnología tiene el potencial para revolucionar la ingeniería civil mediante el desarrollo de materiales más eficientes y sostenibles. Sin embargo, es fundamental abordar los desafíos asociados con su aplicación para garantizar que se utilicen de manera segura y responsable. La regulación adecuada, junto con una mayor investigación sobre toxicidad y comportamiento ambiental, será esencial para maximizar los beneficios mientras se minimizan los riesgos asociados con estos innovadores materiales.

CAPÍTULO 3

Impresión 3D

3.1 Introducción

La impresión 3D ha irrumpido en la industria de la construcción como una tecnología revolucionaria, transformando la manera en que se diseñan y construyen edificaciones. Este método de fabricación aditiva permite crear estructuras tridimensionales a partir de modelos digitales, depositando material capa por capa. Las aplicaciones de la impresión 3D en la construcción son diversas, abarcando desde la producción de prototipos y maquetas hasta la construcción de viviendas y componentes de infraestructura.

Uno de los aspectos más atractivos de la impresión 3D es su capacidad para reducir costos y tiempos de construcción. Al minimizar el desperdicio de material y requerir menos mano de obra, este método no sólo puede disminuir significativamente el presupuesto de un proyecto, sino también acelerar su finalización. Esto resulta crucial en situaciones de emergencia, donde la rapidez puede ser vital para proporcionar refugio a comunidades afectadas por desastres naturales.

Además, la impresión 3D ofrece beneficios ambientales significativos. La industria de la construcción es responsable de una gran parte de las emisiones de carbono, y adoptar tecnologías sostenibles es esencial para mitigar este impacto. La impresión 3D facilita el uso de materiales reciclados y sostenibles, promoviendo prácticas más ecológicas.

Sin embargo, su implementación enfrenta desafíos, como la falta de regulaciones específicas y la resistencia al cambio en un sector tradicional. A pesar de estos obstáculos, el futuro de la impresión 3D en la construcción es prometedor. Este capítulo explorará en detalle los fundamentos de la impresión 3D, sus aplicaciones actuales, los beneficios y desafíos que presenta, así como las tendencias futuras que podrían redefinir la industria de la construcción.

3.2 Fundamentos de la Impresión 3D

La impresión 3D, también conocida como fabricación aditiva, ha revolucionado la forma en que se producen objetos en diversas industrias, incluida la construcción. Este proceso implica la creación de objetos tridimensionales a partir de modelos digitales, utilizando una variedad de materiales y técnicas. La impresión 3D se basa en el principio de adición de material en capas sucesivas, lo que contrasta con los métodos de fabricación tradicionales que a menudo implican la eliminación de material, como el corte o el fresado. Esta técnica permite una mayor flexibilidad en el diseño y la creación de geometrías complejas que serían difíciles de lograr con técnicas convencionales, como han destacado Gibson, Rosen y Stucker (2015).

El proceso de impresión 3D generalmente sigue varios pasos:

- Creación del Modelo Digital: Se utiliza software de diseño asistido por computadora (CAD) para crear un modelo digital del objeto que se desea imprimir. Este modelo se convierte en un archivo en un formato compatible con la impresora 3D, como STL o OBJ.
- Preparación del Archivo: El archivo digital se prepara mediante un software de corte (slicing), que divide el modelo en capas horizontales y genera las instrucciones necesarias para la impresora.
- Impresión: La impresora 3D utiliza el archivo preparado para depositar el material en capas, siguiendo las instrucciones del software de corte. Dependiendo de la tecnología utilizada, el material puede ser extruido, sinterizado o curado.
- Post-Procesamiento: Una vez completada la impresión, el objeto puede requerir un post-procesamiento, que puede incluir el lijado, la pintura o el ensamblaje de partes.

Existen varios métodos de impresión 3D, cada uno con características y aplicaciones específicas. El más común es el Fused Deposition Modeling (FDM), que utiliza filamentos termoplásticos que se funden y se extruyen a través de una boquilla caliente. Este método es ideal para prototipos y piezas funcionales debido a su bajo costo y facilidad de uso (Baker, 2019). Otro método importante es la Stereolithography (SLA), que utiliza una resina líquida que se cura mediante un láser ultravioleta. SLA es conocido por su alta precisión y calidad de superficie, lo que lo hace adecuado para aplicaciones que requieren detalles finos, como joyería y modelos dentales (Chua & Leong, 2017).

La Selective Laser Sintering (SLS) es un proceso en el que un láser se utiliza para sinterizar polvo de material, fusionando las partículas para crear un objeto sólido. Este método permite la creación de piezas complejas y funcionales y es común en la producción de prototipos y piezas finales en industrias como la automotriz y la aeroespacial (Gibson et al., 2015). Por último, la Digital Light Processing (DLP) es similar a SLA, pero utiliza un proyector digital para curar las resinas, lo que permite imprimir capas más rápidamente, aumentando la eficiencia en la producción (Baker, 2019).

La impresión 3D tiene una amplia gama de aplicaciones en diversas industrias. En el ámbito del prototipado rápido, permite a los diseñadores y fabricantes crear prototipos de productos de manera rápida y económica, facilitando la iteración y la mejora del diseño. Además, la impresión 3D permite la producción personalizada, adaptándose a las necesidades específicas de los usuarios, desde prótesis médicas hasta joyería (Chua & Leong, 2017). En la construcción, esta tecnología se utiliza para crear componentes arquitectónicos y, en algunos casos, edificios completos, lo que puede reducir el tiempo y los costos de construcción.

Figura 4

Puente impreso en 3D

Fuente: Arcus global

La adopción de la impresión 3D ofrece numerosos beneficios, entre los que se incluyen:

- Reducción de desperdicio: Al utilizar solo la cantidad de material necesaria para crear un objeto, este método genera menos desperdicio en comparación con los métodos tradicionales (Baker, 2019).
- Flexibilidad de Diseño: La capacidad de crear geometrías complejas sin las limitaciones de los métodos de fabricación convencionales permite a los diseñadores explorar nuevas ideas y conceptos (Chua & Leong, 2017).
- Ahorro de Tiempo y Costos: La impresión 3D puede reducir significativamente los tiempos de producción y los costos asociados, especialmente en la creación de prototipos y piezas personalizadas (Gibson et al., 2015).

A pesar de sus ventajas, la impresión 3D enfrenta desafíos que deben ser abordados. Las limitaciones de materiales representan un obstáculo, ya que, aunque se están desarrollando nuevos compuestos, la variedad de opciones para la impresión 3D todavía es limitada en comparación con los métodos de fabricación tradicionales

(Baker, 2019). Asimismo, la falta de regulaciones específicas para la impresión 3D en ciertas industrias puede dificultar su adopción y uso en aplicaciones críticas, como la medicina y la construcción (Chua & Leong, 2017). Por último, asegurar la calidad y la consistencia de los productos impresos en 3D puede ser un desafío, especialmente en la producción en masa (Gibson et al., 2015).

3.3 Aplicaciones Actuales en la Construcción

La impresión 3D ha comenzado a transformar la industria de la construcción, ofreciendo soluciones innovadoras que abordan desafíos tradicionales como el costo, el tiempo de construcción y la sostenibilidad. A medida que esta tecnología avanza, sus aplicaciones se diversifican, permitiendo la creación de estructuras complejas y personalizadas que antes eran difíciles de lograr. A continuación, se presentan algunas de las aplicaciones más destacadas de la impresión 3D en la construcción.

3.3.1 Construcción de Viviendas

Una de las aplicaciones más notables de la impresión 3D en la construcción es la creación de viviendas. Empresas como ICON, con sede en Texas, han desarrollado impresoras 3D capaces de construir casas en un tiempo récord. En 2018, ICON presentó su modelo "Vulcan", que puede imprimir una casa en aproximadamente 24 horas utilizando un material de concreto especial. Este enfoque no solo reduce el tiempo de construcción, sino que también disminuye significativamente los costos, con estimaciones que indican que una casa puede costar tan solo $10,000 (Khoshnevis, 2018).

Figura 5

Casa construida por la empresa ICON a partir de impresión 3D
Fuente: Regan Morton Photography

Además, la empresa rusa Apis Cor ha llevado a cabo proyectos similares, construyendo una casa en solo 24 horas en un sitio de construcción en Moscú. Utilizando una impresora 3D gigante, Apis Cor aplica una mezcla de materiales reciclados y cemento de secado rápido, lo que permite una construcción rápida y eficiente (Apis Cor, 2017). Estas iniciativas no solo abordan la necesidad de viviendas asequibles, sino que también ofrecen soluciones en situaciones de emergencia, como desastres naturales.

3.3.2 Infraestructura y Obras Públicas

La impresión 3D también se está utilizando para la construcción de infraestructura, como puentes y canales. En 2016, se inauguró en Madrid el primer puente peatonal impreso en 3D, diseñado por la empresa ACCIONA. Este puente, de 12 metros de largo, fue construido utilizando una impresora 3D que colocó el material solo donde era necesario, lo que permitió una mayor libertad de diseño y una reducción en el uso de materiales (ACCIONA, 2016). Este tipo de proyectos demuestra cómo la impresión 3D puede ser utilizada para crear estructuras duraderas y estéticamente agradables, al tiempo que se optimizan los recursos.

Otro ejemplo es el canal impreso en 3D en Ámsterdam, que fue creado utilizando una impresora 3D especial conocida como Kamermaker. Este dispositivo, que se asemeja a un brazo robótico gigante, permitió la construcción de un canal de forma eficiente y precisa, mostrando el potencial de la impresión 3D en la creación de infraestructuras urbanas.

Figura 5

Canal impreso en 3D en el barrio rojo en Ámsterdam

Fuente: Thijs Wolzak

3.3.3 Componentes Arquitectónicos Personalizados

La impresión 3D permite la creación de componentes arquitectónicos personalizados, lo que ofrece a los arquitectos y diseñadores una flexibilidad sin precedentes. Por ejemplo, la firma de arquitectura SOM, en colaboración con el Laboratorio Nacional Oak Ridge, desarrolló una casa ecológica impresa en 3D que incorpora paneles solares y sistemas de energía renovable. Este proyecto no solo demuestra la capacidad de la impresión 3D para crear diseños innovadores, sino que también resalta su potencial para contribuir a la sostenibilidad en la construcción (SOM, 2019).

La personalización de componentes arquitectónicos también se extiende a elementos decorativos y funcionales, como barandillas, columnas y fachadas. La capacidad de imprimir estos elementos a medida permite a los diseñadores experimentar con formas y texturas que serían difíciles de lograr con métodos de construcción tradicionales.

Figura 6
Mobiliario urbano impreso en 3D

Fuente: El español

3.3.4 Prototipado y Modelado

El prototipado rápido es otra área donde la impresión 3D ha tenido un impacto significativo en la construcción. Los arquitectos y diseñadores pueden crear modelos físicos de sus proyectos en un tiempo reducido, lo que facilita la visualización y la evaluación de diseños antes de la construcción real. Esto no solo ahorra tiempo, sino que también reduce costos al permitir ajustes en las etapas iniciales del diseño (Khoshnevis, 2018).

Además, la impresión 3D permite la creación de maquetas a escala que pueden ser utilizadas para presentaciones a clientes o para la obtención de permisos de construcción. Estas maquetas detalladas ayudan a comunicar la visión del proyecto de manera más efectiva, lo que puede ser crucial para la aprobación de proyectos en entornos regulados.

3.3.5 Sostenibilidad y Reducción de Residuos

La sostenibilidad es un aspecto clave de la impresión 3D en la construcción. Al utilizar solo la cantidad de material necesaria para crear un objeto, este método genera menos desperdicio en comparación con los métodos de fabricación tradicionales. Además, muchas empresas están explorando el uso de materiales reciclados y sostenibles en sus impresoras 3D, lo que contribuye a prácticas de construcción más ecológicas (Apis Cor, 2017).

La capacidad de la impresión 3D para optimizar el uso de materiales y reducir el tiempo de construcción también tiene un impacto positivo en la huella de carbono de los proyectos de construcción. A medida que la industria busca formas de ser más sostenible, la impresión 3D se presenta como una solución viable que puede ayudar a alcanzar estos objetivos.

3.4 Beneficios de la Impresión 3D en la Construcción

La impresión 3D ha emergido como una tecnología revolucionaria en diversas industrias, y la construcción no es la excepción. Este método de fabricación aditiva ofrece múltiples beneficios que pueden transformar la forma en que se diseñan y construyen las estructuras. A continuación, se detallan algunos de los beneficios más significativos de la impresión 3D en la construcción.

Uno de los beneficios más significativos de la impresión 3D en la construcción es la reducción de costos. Este enfoque permite utilizar solo la cantidad necesaria de material, minimizando el desperdicio y, por ende, disminuyendo los gastos relacionados con la compra y almacenamiento de materiales. Investigaciones indican que la impresión 3D puede reducir los costos de construcción entre un 30% y un 60% en comparación con métodos tradicionales (Khoshnevis, 2018). Además, al automatizar el proceso, se pueden reducir significativamente los costos de mano de obra, lo que representa un ahorro adicional para los contratistas. La combinación de estos factores hace que la impresión 3D sea una opción atractiva para proyectos de construcción, especialmente en un contexto donde la economía y la eficiencia son esenciales. Este enfoque no solo beneficia a los constructores, sino que también tiene el potencial de hacer que la vivienda sea más accesible para las comunidades de bajos ingresos, contribuyendo así a resolver la crisis de vivienda en muchas áreas.

La impresión 3D permite completar proyectos de construcción en un tiempo significativamente más corto que los métodos convencionales. Mientras que la construcción tradicional puede llevar meses o incluso años, la impresión 3D puede finalizar estructuras en cuestión de días o incluso horas, dependiendo de la complejidad del diseño. Por ejemplo, algunas casas impresas en 3D se han construido en menos de 24 horas (Apis Cor, 2017). Esta rapidez no solo beneficia a los constructores, sino que también permite a los propietarios ocupar sus nuevas viviendas más rápidamente, lo que es especialmente valioso en situaciones de emergencia o desastres naturales. La capacidad de acelerar el proceso de construcción no solo mejora la eficiencia, sino que también puede resultar en un flujo de ingresos más rápido para los contratistas, lo que es crucial en un mercado competitivo. En un mundo donde la velocidad y la eficiencia son cada vez más valoradas, la impresión 3D se presenta como una solución viable y atractiva.

La sostenibilidad es un aspecto fundamental en la construcción moderna, y la impresión 3D contribuye de manera significativa a este objetivo. Este método genera menos residuos en comparación con la construcción tradicional, donde a menudo se producen grandes cantidades de desechos debido a cortes y sobrantes de materiales. La impresión 3D utiliza solo el material necesario, lo que puede resultar en una reducción de hasta el 60% en los residuos generados en el sitio de construcción (Cemex Ventures, 2021). Además, muchas empresas están explorando el uso de materiales reciclados y sostenibles en sus impresoras 3D, lo que contribuye aún más a la sostenibilidad del proceso. La capacidad de optimizar el uso de materiales no solo ayuda a proteger el medio ambiente, sino que también puede disminuir los costos operativos de los proyectos. A medida que la industria de la construcción busca formas de ser más ecológica, la impresión 3D se posiciona como una solución viable que puede contribuir a prácticas de construcción más responsables.

La seguridad en el lugar de trabajo es una preocupación constante en la industria de la construcción, y la impresión 3D puede contribuir a mejorarla. Este método reduce la necesidad de que los trabajadores realicen tareas peligrosas en el sitio de construcción. Al automatizar el proceso, se minimizan las interacciones humanas con maquinaria pesada y se reducen los riesgos de lesiones (Cemex Ventures, 2021). La utilización de impresoras 3D permite que muchas tareas se realicen en entornos controlados, lo que también disminuye la exposición a condiciones climáticas adversas. La mejora de la seguridad no solo protege a los trabajadores, sino que también puede resultar en una disminución de los costos asociados con accidentes laborales. En un sector donde la seguridad es primordial, la impresión 3D se presenta como una alternativa que no solo optimiza la eficiencia, sino que también prioriza el bienestar de los empleados.

3.5 Desafíos y Limitaciones

3.5.1 Limitaciones de Materiales

La impresión 3D ha abierto nuevas posibilidades en la construcción, pero uno de los principales desafíos que enfrenta es la limitada variedad de materiales disponibles. Aunque se han creado concretos y plásticos específicos para la impresión 3D, la gama de opciones sigue siendo restringida en comparación con los métodos de construcción tradicionales. Actualmente, los materiales utilizados en la impresión 3D deben cumplir con requisitos técnicos específicos, como la capacidad de fluir a través de la boquilla de impresión y curarse adecuadamente para formar estructuras sólidas.

El concreto utilizado en la impresión 3D a menudo contiene aditivos especiales para mejorar su trabajabilidad y tiempo de fraguado. Sin embargo, estos aditivos pueden comprometer algunas propiedades mecánicas, como la resistencia a la compresión o la durabilidad a largo plazo. Esto plantea preocupaciones sobre la calidad y la seguridad de las estructuras construidas con estos materiales. La investigación y el desarrollo de nuevos materiales específicos para la impresión 3D requieren un esfuerzo significativo en términos de tiempo, financiamiento y recursos humanos, lo que limita la capacidad de innovación en este campo (Khoshnevis, 2018).

Además, los materiales disponibles deben ser compatibles con las impresoras 3D y sus tecnologías. Por ejemplo, la mayoría de las impresoras 3D para construcción utilizan procesos de extrusión, que requieren que el material tenga propiedades reológicas adecuadas para fluir y ser modelado adecuadamente. Esto significa que no todos los tipos de concreto o plásticos pueden ser utilizados sin modificaciones. La necesidad de desarrollar nuevos compuestos que mantengan la resistencia y durabilidad mientras son adecuados para la impresión 3D es un desafío constante.

Otro aspecto a considerar es la sostenibilidad de los materiales. La industria de la construcción se enfrenta a presiones crecientes para reducir su huella de carbono y utilizar materiales más ecológicos. La mayoría de los concretos utilizados en la impresión 3D son derivados de recursos no renovables, lo que plantea dudas sobre su sostenibilidad a largo plazo. La búsqueda de materiales alternativos, como hormigones reciclados o basados en biomasa, es fundamental para que la impresión 3D en la construcción se alinee con las iniciativas de sostenibilidad global.

Finalmente, la investigación sobre el comportamiento a largo plazo de los materiales impresos en 3D es aún incipiente. Se necesitan más estudios para comprender cómo estos materiales responden al envejecimiento, la exposición a condiciones ambientales adversas y factores mecánicos, como las cargas. La falta de datos a largo plazo sobre la durabilidad de estos materiales puede limitar la confianza en su uso para edificaciones permanentes.

En resumen, aunque la impresión 3D tiene el potencial de transformar la construcción, la limitación de materiales es un desafío significativo que debe abordarse. La necesidad de desarrollar nuevos compuestos que sean adecuados para la impresión, sostenibles y que cumplan con los estándares de calidad y durabilidad es crucial para el futuro de esta tecnología en el sector de la construcción.

3.5.2 Normativas y Regulaciones

La falta de normativas y regulaciones claras es un desafío crítico que enfrenta la impresión 3D en la construcción. La industria de la construcción está altamente regulada para garantizar la seguridad, la calidad y la integridad de las edificaciones. Sin embargo, la introducción de tecnologías emergentes como la impresión 3D plantea preguntas sobre cómo estas regulaciones se aplican a los nuevos métodos de construcción.

Las normativas existentes a menudo no están diseñadas para abordar las especificidades de la impresión 3D. Por ejemplo, las regulaciones que rigen la resistencia estructural, la seguridad contra incendios y la eficiencia energética pueden no contemplar los métodos de fabricación aditiva. Esto puede llevar a incertidumbres legales y resistencia por parte de los reguladores, quienes pueden ser reacios a aprobar proyectos que utilizan tecnologías no probadas o poco entendidas (PlanRadar, 2021).

Además, la falta de estándares específicos para los materiales utilizados en la impresión 3D puede complicar aún más la situación. Sin estándares claros, los contratistas y arquitectos pueden enfrentar dificultades para garantizar que los materiales utilizados cumplan con los requisitos necesarios para la construcción segura. Esto puede resultar en una falta de confianza en la tecnología por parte de los clientes y las autoridades, lo que a su vez puede frenar la adopción de la impresión 3D en proyectos de construcción.

Otro aspecto a considerar es la variabilidad en las regulaciones de diferentes regiones y países. En algunos lugares, la impresión 3D en la construcción puede estar más avanzada y tener un marco regulatorio más desarrollado, mientras que en otros, puede estar completamente ausente. Esta disparidad puede crear un entorno competitivo desiguales, donde las empresas que operan en regiones con regulaciones más flexibles pueden avanzar más rápidamente que aquellas en áreas donde las normativas son más restrictivas.

Para abordar estos desafíos, es esencial que la industria colabore con los organismos reguladores para desarrollar normativas que se adapten a las tecnologías de impresión 3D. Esto incluye la creación de estándares que evalúen la seguridad, la calidad y el rendimiento de las estructuras impresas. La colaboración entre ingenieros, arquitectos, fabricantes de materiales y reguladores es fundamental para establecer un marco regulatorio que fomente la innovación mientras garantiza la seguridad y la calidad en la construcción.

En conclusión, la falta de normativas y regulaciones claras es un obstáculo significativo para la adopción de la impresión 3D en la construcción. Abordar este desafío es crucial para permitir que esta tecnología evolucione y se implemente de manera segura y efectiva en el sector, contribuyendo a un futuro más innovador y sostenible en la construcción.

3.5.3 Costos Iniciales y Accesibilidad

Aunque la impresión 3D promete reducir costos a largo plazo en la construcción, los costos iniciales de inversión en tecnología y equipos pueden ser prohibitivos para muchas empresas, especialmente las pequeñas y medianas. Las impresoras 3D de gran escala, junto con los materiales especializados, requieren una inversión significativa que puede no ser viable para todos los contratistas. Este desafío financiero limita la adopción de esta tecnología innovadora en la construcción.

Las impresoras 3D específicas para la construcción son costosas, y el costo no solo incluye la compra del equipo, sino también su instalación, mantenimiento y operación. Las empresas deben considerar la capacitación del personal para operar estas máquinas, así como el aprendizaje de software especializado necesario para diseñar y preparar los modelos para la impresión. Esta capacitación representa un costo adicional que muchas empresas pueden no estar dispuestas o no pueden permitirse asumir (Cemex Ventures, 2021).

Además, los costos de los materiales utilizados en la impresión 3D también pueden ser más altos que los materiales convencionales. Aunque se espera que, con el tiempo, la producción de materiales específicos para la impresión 3D se optimice y se reduzcan los costos, actualmente muchos de estos materiales son más caros debido a su naturaleza especializada y a los procesos de fabricación requeridos.

La inversión inicial puede disuadir a las pequeñas y medianas empresas de explorar la impresión 3D, lo que a su vez limita la competencia y la innovación en el sector. Sin acceso a esta tecnología, estas empresas pueden perder oportunidades para mejorar sus procesos de construcción y ofrecer soluciones más eficientes y sostenibles.

Para superar este obstáculo, es fundamental que se desarrollen modelos de negocio que permitan a las empresas compartir recursos y reducir costos. Por ejemplo, las empresas podrían considerar asociaciones para adquirir impresoras 3D y materiales, o explorar opciones de financiación que faciliten la inversión inicial. Además, las iniciativas de investigación y desarrollo financiadas por el gobierno o asociaciones industriales pueden ayudar a reducir la carga financiera de la adopción de esta tecnología.

Es esencial también aumentar la conciencia sobre los beneficios a largo plazo de la impresión 3D en la construcción. Si bien los costos iniciales pueden ser altos, la reducción de los costos de mano de obra y los materiales en el futuro, junto con la capacidad de minimizar el desperdicio, puede resultar en ahorros significativos a lo largo del tiempo. Al educar a las empresas sobre estos beneficios, se puede fomentar una mayor aceptación y exploración de la impresión 3D en el sector de la construcción.

En resumen, los costos iniciales y la accesibilidad son desafíos significativos para la adopción de la impresión 3D en la construcción. Superar estos obstáculos requerirá un enfoque colaborativo que involucre asociaciones estratégicas, modelos de negocio innovadores y una mayor educación sobre los beneficios a largo plazo de esta tecnología.

3.5.4 Escalabilidad

La escalabilidad es uno de los desafíos más relevantes en la aplicación de la impresión 3D en la construcción. Aunque se han logrado avances significativos en la creación de estructuras pequeñas y medianas, la impresión de edificios de gran escala sigue siendo un reto considerable. A medida que los proyectos se vuelven más grandes y complejos, se requiere que las impresoras 3D manejen grandes volúmenes de material y operen de manera eficiente, lo que plantea desafíos técnicos y logísticos.

Las impresoras 3D para construcción deben ser capaces de imprimir grandes cantidades de material en un tiempo razonable, lo que puede ser complicado. La velocidad de impresión es un factor crítico; si las impresoras no pueden producir componentes a un ritmo adecuado, esto puede llevar a retrasos en el proyecto y a un aumento en los costos. Además, la logística de la impresión 3D a gran escala implica la necesidad de un espacio significativo en el sitio de construcción, así como la coordinación de la entrega de materiales y la gestión del tiempo de secado y curado (Khoshnevis, 2018).

Otro aspecto de la escalabilidad es la capacidad de las impresoras para adaptarse a diferentes diseños y especificaciones. La personalización de los diseños es una de las ventajas de la impresión 3D, pero esto también puede complicar el proceso de producción a gran escala. Cada diseño puede requerir ajustes en la configuración de la impresora y en el tipo de material utilizado, lo que puede afectar la eficiencia general del proceso.

La integración de la impresión 3D en la cadena de suministro de construcción existente también presenta desafíos. La transición de métodos de construcción tradicionales a la impresión 3D requiere cambios en la planificación y ejecución de proyectos, lo que puede ser complicado para las empresas que han estado utilizando técnicas convencionales durante años. La falta de experiencia en la gestión de proyectos de impresión 3D puede llevar a errores y retrasos, lo que refuerza el dominio de los métodos tradicionales en proyectos de gran escala.

Para abordar estos desafíos, es esencial que se desarrollen tecnologías de impresión 3D que sean más eficientes y adaptables a proyectos de gran envergadura. Esto puede incluir la creación de impresoras 3D de mayor tamaño que puedan manejar mayores volúmenes de material y que tengan la capacidad de operar de manera más rápida y efectiva. También es importante fomentar la colaboración entre los actores de la industria para compartir conocimientos y mejores prácticas en proyectos de impresión 3D a gran escala.

En conclusión, la escalabilidad en la impresión 3D es un desafío crítico que debe ser superado para que esta tecnología pueda competir efectivamente con los métodos de construcción tradicionales en proyectos de gran tamaño. A medida que se desarrollen soluciones innovadoras y eficientes, es probable que la impresión 3D se convierta en una opción viable y efectiva para una gama más amplia de aplicaciones en la construcción.

3.5.5 Percepción del Mercado

La percepción del mercado sobre la impresión 3D en la construcción puede ser un obstáculo significativo para su adopción. Muchos profesionales del sector y clientes potenciales pueden ser escépticos respecto a la calidad y seguridad de las estructuras impresas en 3D. Esta desconfianza puede estar basada en la falta de ejemplos exitosos y en la experiencia limitada en el uso de esta tecnología, lo que genera dudas sobre su viabilidad y efectividad (PlanRadar, 2021).

La percepción negativa puede ser alimentada por la falta de información clara y accesible sobre los beneficios y capacidades de la impresión 3D. Muchos actores de la industria pueden no estar familiarizados con los aspectos técnicos de la impresión 3D, lo que puede llevar a malentendidos sobre su aplicabilidad y rendimiento. Para superar este desafío, es fundamental realizar campañas de educación y sensibilización que informen a los profesionales de la construcción sobre las ventajas de la impresión 3D, así como sobre los casos de éxito en su implementación.

La falta de ejemplos tangibles de proyectos exitosos también contribuye a la percepción negativa. A medida que se completen más proyectos de construcción utilizando impresión 3D, es crucial documentar y compartir estos casos de éxito. La presentación de estudios de caso que demuestren la calidad, seguridad y eficiencia de las estructuras impresas en 3D puede ayudar a generar confianza en el mercado y fomentar la adopción de esta tecnología.

Además, la colaboración con organismos de regulación y estándares puede ayudar a aumentar la confianza en la impresión 3D. Si las autoridades reguladoras reconocen y aprueban proyectos de construcción impresos en 3D, esto puede contribuir a validar la tecnología y reducir la percepción de riesgo asociada con su uso.

Otro aspecto importante es la relación entre los arquitectos, ingenieros y contratistas. La comunicación y colaboración entre estos profesionales son esenciales para garantizar que se comprendan las capacidades y limitaciones de la impresión 3D. Al trabajar juntos en proyectos que incorporan esta tecnología, pueden compartir conocimientos y experiencias, lo que puede ayudar a construir una base de confianza y a fomentar una mayor aceptación de la impresión 3D en el mercado.

En resumen, la percepción del mercado sobre la impresión 3D en la construcción puede ser un obstáculo significativo para su adopción. Para superar este desafío, es fundamental educar a los profesionales del sector, compartir casos de éxito y fomentar la colaboración entre los actores de la industria. Con el tiempo, a medida que la impresión 3D demuestre su efectividad y seguridad en proyectos reales, es probable que la percepción del mercado evolucione, abriendo la puerta a una mayor aceptación y uso de esta tecnología en la construcción.

3.5.6 Desafíos Técnicos

Los desafíos técnicos asociados con la impresión 3D en la construcción son variados y complejos. La precisión en la impresión, el control de calidad y la gestión de los tiempos de secado y curado de los materiales son aspectos críticos que requieren una atención cuidadosa. Cada uno de estos factores puede influir significativamente en el resultado final de un proyecto de construcción y, si no se gestionan adecuadamente, pueden resultar en defectos estructurales que comprometan la integridad del edificio (Cemex Ventures, 2021).

La precisión en la impresión es fundamental para asegurar que las estructuras cumplan con los diseños especificados. Las desviaciones en las dimensiones y la geometría pueden dar lugar a problemas de alineación y ajuste durante el ensamblaje. Esto se vuelve especialmente problemático en proyectos grandes, donde la tolerancia dimensional es crucial para la estabilidad estructural. Por lo tanto, es esencial garantizar que las impresoras 3D estén calibradas correctamente y que se utilicen técnicas de control de calidad a lo largo del proceso de impresión.

El control de calidad también es un aspecto vital en la impresión 3D. Dado que el proceso de impresión se realiza en tiempo real, es difícil monitorizar cada paso para asegurar que no haya defectos. La implementación de sistemas de monitoreo en tiempo real que puedan detectar anomalías durante el proceso de impresión puede ayudar a mitigar este desafío. Además, la realización de pruebas de calidad en los materiales utilizados, así como en los componentes impresos, es esencial para garantizar que se cumplan los estándares de seguridad y rendimiento.

La gestión de los tiempos de secado y curado de los materiales es otro desafío técnico significativo. Diferentes materiales requieren diferentes condiciones de curado para alcanzar sus propiedades óptimas. La variabilidad en las condiciones ambientales, como la temperatura y la humedad, puede afectar el rendimiento de los materiales, complicando aún más el proceso. La falta de control sobre estas condiciones puede conducir a la formación de grietas y otros defectos estructurales, lo que a su vez puede comprometer la durabilidad de la estructura final.

Además, la complejidad de los diseños arquitectónicos que se pueden lograr a través de la impresión 3D puede plantear desafíos técnicos. Aunque la tecnología permite la creación de formas y estructuras innovadoras, estas complejidades pueden requerir un mayor conocimiento técnico y experiencia en diseño para garantizar que las estructuras sean viables y seguras.

En resumen, los desafíos técnicos en la impresión 3D para la construcción son múltiples y requieren un enfoque meticuloso y bien planificado para garantizar el éxito de los proyectos. La implementación de sistemas de control de calidad, la gestión cuidadosa de los tiempos de curado y un enfoque en la precisión son esenciales para superar estos obstáculos y garantizar que la impresión 3D se utilice de manera efectiva en la construcción.

3.5.7 Integración con Métodos de Construcción Tradicionales

La integración de la impresión 3D con métodos de construcción tradicionales representa un desafío significativo en la adopción de esta tecnología. La transición hacia la adopción de nuevas tecnologías requiere cambios en los procesos existentes, lo que puede ser complicado para las empresas que han estado utilizando métodos convencionales durante años. La resistencia al cambio es un fenómeno común en la industria de la construcción, donde la familiaridad con los métodos tradicionales puede dificultar la aceptación de innovaciones como la impresión 3D (PlanRadar, 2021).

Uno de los principales obstáculos para la integración es la falta de interoperabilidad entre las herramientas de diseño utilizadas en la construcción tradicional y las impresoras 3D. Muchas empresas utilizan software específico para la planificación y diseño de edificaciones que puede no ser compatible con las plataformas de impresión 3D. Esta falta de compatibilidad puede dar lugar a errores en la transferencia de datos y complicar el proceso de diseño e impresión, lo que dificulta la implementación efectiva de la impresión 3D en proyectos.

Además, las empresas de construcción pueden carecer de la experiencia necesaria para gestionar proyectos que incorporan impresión 3D. La falta de personal capacitado en la operación de impresoras 3D y en la comprensión de los procesos de fabricación aditiva puede limitar la capacidad de las empresas para adoptar esta tecnología de manera efectiva. La capacitación del personal es esencial para asegurar que se comprendan las capacidades y limitaciones de la impresión 3D, así como para maximizar su potencial en proyectos de construcción.

Otro desafío es la necesidad de modificar las cadenas de suministro existentes. La impresión 3D puede reducir la necesidad de materiales y componentes prefabricados, lo que puede afectar a los proveedores que dependen de la fabricación tradicional. La adaptación de las cadenas de suministro a un enfoque de impresión 3D requerirá la colaboración y el compromiso de múltiples partes interesadas en la industria de la construcción.

Para facilitar la integración de la impresión 3D con métodos de construcción tradicionales, es esencial desarrollar soluciones que promuevan la interoperabilidad entre diferentes plataformas y herramientas. Esto podría incluir la creación de estándares de datos y protocolos que faciliten la comunicación entre las diferentes partes del proceso de construcción. Además, fomentar la colaboración entre arquitectos, ingenieros, contratistas y proveedores puede ayudar a construir una comprensión más profunda de cómo se puede utilizar la impresión 3D en combinación con métodos tradicionales.

En conclusión, la integración de la impresión 3D con métodos de construcción tradicionales representa un desafío complejo que debe ser abordado para permitir una adopción más amplia de esta tecnología.

3.6 El Futuro de la Impresión 3D en la Construcción

La impresión 3D ha emergido como una tecnología revolucionaria en la construcción, prometiendo transformar la manera en que se diseñan y construyen los edificios. Este proceso, también conocido como fabricación aditiva, permite la creación de estructuras complejas mediante la superposición de capas de material, lo que ofrece una serie de ventajas sobre los métodos de construcción tradicionales. A medida que la tecnología avanza, se vislumbran nuevas oportunidades y desafíos que definirán el futuro de la impresión 3D en la construcción.

Uno de los aspectos más destacados de la impresión 3D en la construcción es su capacidad para reducir costos y tiempos de producción. Según un estudio reciente, la impresión 3D puede disminuir significativamente el tiempo de construcción, permitiendo que las estructuras se erijan en cuestión de días en lugar de meses (Khoshnevis, 2018). Esto no solo acelera el proceso de construcción, sino que también reduce los costos laborales y de materiales, lo que puede hacer que la vivienda sea más asequible para muchas personas.

Además, la impresión 3D permite una mayor personalización en el diseño arquitectónico. Los arquitectos y diseñadores pueden crear formas y estructuras que serían difíciles o imposibles de lograr con métodos de construcción convencionales. Esto se traduce en una mayor libertad creativa y la posibilidad de diseñar edificios que se integren mejor en su entorno (García et al., 2020). La capacidad de producir componentes personalizados también puede mejorar la eficiencia energética de los edificios, ya que se pueden diseñar elementos que optimicen la luz natural y la ventilación.

Sin embargo, a pesar de sus numerosas ventajas, la impresión 3D en la construcción enfrenta varios desafíos. Uno de los principales obstáculos es la regulación. La industria de la construcción está altamente regulada, y la introducción de nuevas tecnologías como la impresión 3D requiere la adaptación de normativas existentes. Esto puede ralentizar la adopción de la tecnología, ya que los legisladores deben asegurarse de que las estructuras impresas cumplan con los estándares de seguridad y calidad (Zhang, 2021). Además, la falta de estándares claros para los materiales utilizados en la impresión 3D puede generar incertidumbre en el mercado.

Otro desafío significativo es la necesidad de capacitación especializada. La impresión 3D en la construcción no solo requiere conocimientos técnicos sobre la operación de las impresoras, sino también una comprensión profunda de los materiales y su comportamiento. La formación de profesionales capacitados en esta tecnología es esencial para su implementación exitosa en proyectos de construcción. Sin embargo, la educación en este campo aún está en desarrollo, lo que puede limitar la disponibilidad de mano de obra calificada (Cemex Ventures, 2021).

A medida que la tecnología avanza, también se están explorando nuevas aplicaciones de la impresión 3D en la construcción. Por ejemplo, se están desarrollando técnicas para imprimir estructuras utilizando materiales sostenibles, como bioplásticos y hormigones reciclados. Esto no solo reduce el impacto ambiental de la construcción, sino que también promueve la economía circular al reutilizar materiales que de otro modo serían desechados. La integración de la impresión 3D con otras tecnologías emergentes, como la inteligencia artificial y la robótica, también podría mejorar la eficiencia y la precisión en la construcción.

En resumen, el futuro de la impresión 3D en la construcción es prometedor, con el potencial de transformar la industria de manera significativa. A medida que se superen los desafíos actuales y se desarrollen nuevas aplicaciones, es probable que veamos un aumento en la adopción de esta tecnología. La combinación de reducción de costos, personalización en el diseño y sostenibilidad podría hacer de la impresión 3D una opción atractiva para el futuro de la construcción.

CAPÍTULO 4

BIM

4.1 Introducción al BIM

El Modelado de Información de Construcción (BIM) es un enfoque revolucionario en la arquitectura, la ingeniería y la construcción que transforma la manera en que se diseñan, construyen y gestionan los edificios e infraestructuras. En esencia, BIM no solo se refiere a un software o una herramienta, sino a un proceso colaborativo que integra y gestiona información a lo largo del ciclo de vida de un proyecto. Desde la planificación inicial hasta la demolición, BIM proporciona un modelo digital detallado que incluye no solo la geometría física del edificio, sino también datos sobre materiales, costos, cronogramas y rendimiento energético.

Figura 7

Fuente: Acero estudio.

La evolución del BIM ha sido notable. Aunque los conceptos de modelado tridimensional en la construcción pueden rastrearse hasta los años 70, fue en la década de 1990 cuando el término "BIM" comenzó a ganar popularidad. Inicialmente, se centraba en la creación de modelos 3D estáticos; sin embargo, con el avance de la tecnología, el BIM ha evolucionado hacia un entorno dinámico y colaborativo, donde múltiples disciplinas pueden trabajar simultáneamente en un solo modelo. Este avance ha sido impulsado por el desarrollo de software más sofisticado y la creciente necesidad de mejorar la eficiencia y reducir costos en un sector conocido por su complejidad.

La comparación entre los métodos tradicionales de diseño y construcción y el enfoque BIM destaca varias diferencias clave. En los métodos tradicionales, los equipos suelen trabajar en silos, lo que significa que arquitectos, ingenieros y contratistas a menudo desarrollan sus diseños por separado. Esto puede llevar a problemas de comunicación, conflictos de diseño y, en última instancia, retrasos y sobrecostos. Los planos bidimensionales a menudo se interpretan de manera errónea, lo que puede resultar en errores costosos durante la construcción.

En contraste, el enfoque BIM fomenta la colaboración desde el principio. Todos los interesados pueden acceder a un modelo centralizado, lo que les permite visualizar el proyecto en tres dimensiones y realizar modificaciones en tiempo real. Esto no solo mejora la comunicación, sino que también facilita la detección de interferencias antes de que se inicie la construcción. Además, el uso de datos integrados permite una planificación más efectiva y una gestión del ciclo de vida del edificio más precisa.

En resumen, BIM representa un cambio radical en la forma en que se aborda la construcción, ofreciendo un enfoque más colaborativo, eficiente y sostenible en comparación con los métodos tradicionales. Con su capacidad para integrar información y facilitar la comunicación, BIM está transformando la industria, preparándose para enfrentar los desafíos del futuro.

4.2 Componentes del BIM

El Modelado de Información de Construcción (BIM) es una metodología que ha transformado la forma en que se diseñan, construyen y gestionan los edificios y otras infraestructuras. Esta metodología se basa en la creación de modelos digitales que integran tanto la geometría como la información asociada a los elementos del proyecto. A continuación, se explorarán los componentes del BIM, la importancia de los modelos 3D, los datos vinculados a los elementos del modelo y las herramientas de software más utilizadas en esta metodología.

Los componentes del BIM incluyen modelos 3D, datos e información vinculados a los elementos del modelo, y herramientas de software que facilitan la creación y gestión de estos modelos. Cada uno de estos componentes juega un papel crucial en el ciclo de vida de un proyecto de construcción.

4.2.1 Modelos 3D y su Importancia

Los modelos 3D son el núcleo del BIM. A diferencia de los modelos 2D tradicionales, que solo representan la geometría de un edificio, los modelos 3D en BIM integran información adicional que es esencial para la planificación y ejecución del proyecto. Esta información puede incluir detalles sobre materiales, costos, rendimiento energético y más.

- Visualización y Comprensión: Los modelos 3D permiten a los arquitectos y otros profesionales visualizar el proyecto en un entorno tridimensional. Esto no solo mejora la comprensión del diseño, sino que también facilita la identificación de problemas potenciales antes de que se inicie la construcción. La capacidad de ver el proyecto desde diferentes ángulos y en diferentes etapas de desarrollo es fundamental para la toma de decisiones informadas (Eastman et al., 2011).

- Detección de Conflictos: Una de las ventajas más significativas de los modelos 3D es su capacidad para detectar interferencias entre diferentes sistemas, como estructuras, sistemas eléctricos y de fontanería. El uso de software que permite la superposición de modelos de distintas disciplinas ayuda a identificar y resolver problemas de diseño antes de que se conviertan en costosos errores durante la construcción (Korman, 2010).
- Simulación y Análisis: Los modelos 3D también permiten realizar simulaciones y análisis de rendimiento, como estudios de iluminación y análisis de energía. Estas simulaciones son cruciales para optimizar el diseño y garantizar que el edificio cumpla con los estándares de sostenibilidad y eficiencia energética (Azhar, 2011).
- Documentación Integrada: Los modelos 3D en BIM no solo sirven como representaciones visuales, sino que también están vinculados a la documentación del proyecto. Esto significa que cualquier cambio realizado en el modelo se refleja automáticamente en los documentos asociados, como planos y especificaciones. Esta integración reduce la posibilidad de errores y asegura que todos los miembros del equipo trabajen con la información más actualizada (Sacks et al., 2010).

4.2.2 Datos e Información Vinculados a los Elementos del Modelo

El BIM no se limita a la representación visual; también se basa en la integración de datos e información vinculados a cada elemento del modelo. Esta información es crucial para la gestión eficiente del proyecto y para la toma de decisiones informadas.

Información de Elementos: Cada componente del modelo 3D está asociado con datos específicos que describen sus características, como dimensiones, materiales, costos y rendimiento. Por ejemplo, una ventana en el modelo no solo se representará visualmente, sino que también incluirá información sobre su tipo, tamaño, eficiencia energética y costo. Esta riqueza de datos permite a los equipos de proyecto realizar análisis detallados y tomar decisiones basadas en información precisa (Bynum et al., 2013).

Gestión del Ciclo de Vida: La información vinculada a los elementos del modelo es fundamental para la gestión del ciclo de vida del edificio. Desde la planificación y construcción hasta la operación y mantenimiento, el BIM proporciona un marco para gestionar todos los aspectos del proyecto. Los datos sobre el mantenimiento de los sistemas mecánicos y eléctricos pueden ser utilizados para programar intervenciones y optimizar el rendimiento a lo largo del tiempo (Kiviniemi et al., 2012).

Colaboración y Comunicación: La capacidad de compartir información detallada y actualizada entre todos los miembros del equipo es una de las características más valiosas del BIM. Los datos vinculados a los elementos del modelo facilitan la colaboración entre arquitectos, ingenieros y contratistas, asegurando que todos trabajen con la misma información y reduzcan el riesgo de malentendidos y errores (Chong et al., 2017).

Análisis de Costos y Presupuestos: La integración de datos en el modelo también permite realizar análisis de costos más precisos. Al vincular información sobre materiales y cantidades directamente al modelo, los equipos pueden generar estimaciones de costos más confiables y realizar un seguimiento del presupuesto a lo largo del proyecto. Esto es especialmente útil en la fase de planificación, donde la precisión en las estimaciones puede marcar la diferencia entre el éxito y el fracaso del proyecto (Tzortzopoulos et al., 2011).

4.2.3 Software y Herramientas Más Utilizadas en BIM

El uso de software especializado es fundamental para implementar BIM de manera efectiva. Existen varias herramientas en el mercado que permiten a los profesionales del sector de la construcción crear y gestionar modelos BIM. Algunas de las más utilizadas incluyen:

1. Revit: Desarrollado por Autodesk, Revit es una de las herramientas más populares para el modelado BIM. Permite a los usuarios diseñar con elementos de modelación y dibujo paramétrico, facilitando la creación de modelos 3D detallados que integran información sobre los elementos del edificio. Revit también permite la colaboración en tiempo real entre diferentes disciplinas, lo que mejora la coordinación del proyecto (Eastman et al., 2011).

2. Navisworks: Esta herramienta es especialmente útil para la revisión y coordinación de modelos. Navisworks permite a los usuarios combinar modelos de diferentes disciplinas en un solo entorno, facilitando la detección de conflictos y la planificación de la construcción. Su capacidad para realizar simulaciones de construcción y análisis de tiempo la convierte en una herramienta valiosa para la gestión de proyectos (Korman, 2010).

3. ArchiCAD: Desarrollado por Graphisoft, ArchiCAD es otra herramienta popular en el ámbito del BIM. Ofrece un enfoque intuitivo para el diseño arquitectónico y permite a los usuarios crear modelos 3D de manera eficiente. ArchiCAD también incluye herramientas para la colaboración y la gestión de datos, lo que

lo convierte en una opción sólida para equipos de diseño (Bynum et al., 2013).

4. Tekla Structures: Esta herramienta se centra en el modelado de estructuras y es ampliamente utilizada en la ingeniería civil y la construcción. Tekla permite a los usuarios crear modelos detallados de estructuras de acero y hormigón, integrando información sobre materiales y costos. Su capacidad para gestionar el ciclo de vida de la construcción la hace especialmente valiosa para proyectos complejos (Azhar, 2011).

5. Dynamo: Aunque no es un software de modelado en sí, Dynamo es un complemento para Revit que permite la programación visual. Los usuarios pueden crear algoritmos personalizados para automatizar tareas y generar geometrías complejas, lo que amplía las capacidades de Revit y mejora la eficiencia del diseño (Sacks et al., 2010).

4.3 Ventajas del BIM

La metodología de Modelado de Información de Construcción (BIM) ha transformado la forma en que se gestionan los proyectos de construcción, ofreciendo ventajas significativas que impactan en la colaboración entre disciplinas, la reducción de errores y conflictos, así como en el ahorro de tiempo y costos a lo largo del ciclo de vida del proyecto.

Una de las principales ventajas del BIM es la mejora en la colaboración entre disciplinas. Esta metodología permite que arquitectos, ingenieros y contratistas trabajen en un entorno digital común, donde la información se comparte y se actualiza en tiempo real. Este enfoque colaborativo no solo facilita la comunicación, sino que también promueve una coordinación más efectiva entre los diferentes equipos involucrados en el proyecto. Según Eastman et al. (2011), el trabajo simultáneo en un modelo digital permite a los profesionales identificar y resolver problemas de manera anticipada, lo que reduce significativamente el riesgo de conflictos durante la fase de construcción. La integración de diferentes disciplinas en un solo modelo también fomenta la creación de roles específicos, como el de coordinador BIM, que se encarga de gestionar la información y asegurar que todos los elementos del proyecto estén alineados.

La reducción de errores y conflictos es otra ventaja crítica del BIM. La capacidad de detectar interferencias entre los distintos sistemas del edificio antes de que se inicie la construcción es fundamental para evitar costosos retrabajos. Herramientas como Navisworks permiten realizar análisis detallados que identifican problemas potenciales, como la superposición de elementos estructurales y de instalaciones, lo que permite a los equipos abordar estos conflictos en la fase de diseño en lugar de en el sitio de construcción (Korman, 2010). Esta detección temprana no solo minimiza los errores, sino que también mejora la calidad del proyecto final, ya que se pueden realizar ajustes y optimizaciones antes de que se materialicen los problemas.

Además, el uso de BIM contribuye al ahorro de tiempo y costos a lo largo del ciclo de vida del proyecto. La capacidad de generar estimaciones precisas y de realizar un seguimiento de los costos en tiempo real permite a los equipos de proyecto gestionar mejor sus recursos. Al vincular la información de costos directamente al modelo, se pueden identificar rápidamente las variaciones y ajustar el presupuesto según sea necesario (Azhar, 2011). Esto es especialmente beneficioso en la fase de planificación, donde una estimación precisa puede marcar la diferencia entre el éxito y el fracaso del proyecto. Además, la automatización de procesos y la reducción de errores en la documentación también contribuyen a una ejecución más eficiente, lo que se traduce en un menor tiempo de construcción y, por ende, en un ahorro significativo en costos operativos.

Figura 8

Metodología BIM en el ciclo de vida de una edificación.

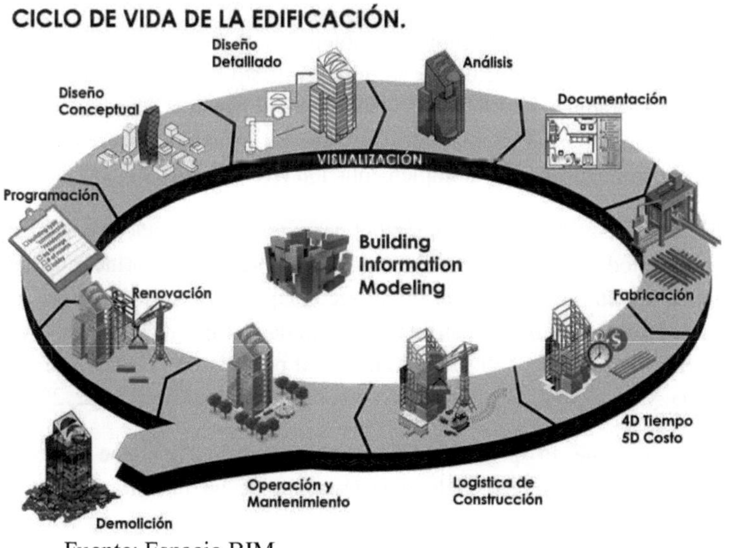

Fuente: Espacio BIM.

En resumen, el BIM no solo mejora la colaboración entre disciplinas, sino que también reduce errores y conflictos mediante la detección de interferencias, lo que a su vez permite un ahorro de tiempo y costos a lo largo del ciclo de vida del proyecto. Estas ventajas hacen que la metodología BIM sea una herramienta esencial en la industria de la construcción, promoviendo una gestión más eficiente y efectiva de los proyectos.

4.4 Proceso de implementación

La implementación del Modelado de Información de Construcción (BIM) en un proyecto es un proceso que requiere una planificación cuidadosa y una ejecución metódica. Este proceso no solo implica la adopción de nuevas tecnologías, sino también un cambio cultural dentro de la organización. A continuación, se describen los pasos para implementar BIM, la capacitación y formación del personal, así como las estrategias para facilitar la transición de métodos tradicionales a BIM.

4.4.1 Pasos para Implementar BIM en un Proyecto

La implementación de BIM comienza con la preparación y la planificación. El primer paso es establecer un plan de implementación BIM que defina claramente los objetivos del proyecto. Esto incluye identificar las metas específicas que se desean alcanzar, como la mejora de la eficiencia, la reducción de costos o la optimización de la colaboración entre equipos. Es fundamental que la dirección de la empresa esté involucrada en esta fase, ya que su apoyo es crucial para el éxito del proceso (Eastman et al., 2011).

Una vez que se han definido los objetivos, el siguiente paso es realizar un diagnóstico de la situación actual de la empresa. Esto implica evaluar los procesos existentes, las herramientas utilizadas y el nivel de competencia del personal en relación con BIM. Este diagnóstico ayudará a identificar las áreas que requieren mejoras y a establecer un cronograma para la implementación (Korman, 2010).

El siguiente paso es la formación del personal. La capacitación es esencial para garantizar que todos los miembros del equipo comprendan los principios del BIM y cómo aplicarlos en su trabajo diario. Se recomienda comenzar con una formación general sobre los conceptos básicos de BIM, seguida de capacitación técnica específica en las herramientas que se utilizarán, como Revit o Navisworks. Esta formación debe ser continua, ya que el BIM es un campo en constante evolución (Azhar, 2011).

Una vez que el personal ha sido capacitado, se debe proceder a la implementación técnica. Esto incluye la creación de un modelo BIM inicial y la integración de los datos necesarios. Es recomendable comenzar con un proyecto piloto que permita probar la metodología en un entorno controlado antes de aplicarla a proyectos más grandes. Este enfoque permite realizar ajustes y optimizaciones en el proceso de implementación (Bynum et al., 2013).

Finalmente, es crucial establecer un sistema de seguimiento y evaluación. Esto implica definir indicadores de éxito que permitan medir el rendimiento del BIM en el proyecto. La retroalimentación continua y la evaluación de los resultados ayudarán a identificar áreas de mejora y a ajustar el enfoque según sea necesario (Sacks et al., 2010).

4.4.2 Capacitación y Formación del Personal

La capacitación del personal es un componente crítico en el proceso de implementación de BIM. Sin un equipo bien formado, incluso la mejor tecnología puede resultar ineficaz. La formación debe ser integral y adaptarse a las necesidades específicas de cada rol dentro del equipo. Por ejemplo, los arquitectos pueden necesitar una capacitación más profunda en diseño y modelado, mientras que los ingenieros pueden requerir formación en análisis y coordinación de sistemas (Kiviniemi et al., 2012).

Es recomendable que la capacitación se realice en varias fases. En primer lugar, se debe ofrecer una formación básica que cubra los principios fundamentales del BIM y su importancia en la industria de la construcción. Esta formación inicial debe incluir ejemplos prácticos y estudios de caso que demuestren los beneficios del BIM en proyectos reales (Chong et al., 2017).

Después de la formación básica, se debe proporcionar capacitación técnica en las herramientas específicas que se utilizarán en el proyecto. Esto puede incluir cursos sobre software como Revit, Navisworks y otros programas de modelado y gestión de información. Además, es importante fomentar la formación continua, ya que el BIM está en constante evolución y las nuevas herramientas y técnicas se desarrollan regularmente (Bynum et al., 2013).

La capacitación también debe incluir aspectos relacionados con la gestión del cambio. Esto implica preparar al personal para adaptarse a nuevas formas de trabajo y fomentar una cultura de colaboración y comunicación abierta. La resistencia al cambio es un desafío común en la implementación de nuevas tecnologías, por lo que es fundamental abordar estas preocupaciones desde el principio (Azhar, 2011).

4.4.3 Estrategias para la Transición de Métodos Tradicionales a BIM

La transición de métodos tradicionales a BIM puede ser un desafío significativo para muchas organizaciones. Para facilitar este proceso, es esencial desarrollar estrategias que aborden tanto los aspectos técnicos como culturales de la implementación. Una de las estrategias más efectivas es la comunicación clara y constante. Mantener a todos los miembros del equipo informados sobre los objetivos, beneficios y avances del proceso de implementación ayudará a reducir la incertidumbre y la resistencia al cambio (Sacks et al., 2010).

Otra estrategia clave es la involucración de todos los niveles de la organización. Desde la alta dirección hasta los operativos, todos deben estar comprometidos con la transición a BIM. Esto puede lograrse a través de talleres, reuniones y sesiones de formación que incluyan a todos los departamentos involucrados en el proceso de construcción (Chong et al., 2017).

Además, es recomendable establecer un grupo de trabajo BIM que se encargue de liderar la implementación y resolver problemas a medida que surjan. Este grupo puede estar compuesto por representantes de diferentes disciplinas, lo que garantiza que se consideren todas las perspectivas y se fomente la colaboración (Bynum et al., 2013).

Finalmente, es importante reconocer y celebrar los logros a lo largo del proceso. Esto no solo motiva al equipo, sino que también refuerza la importancia del BIM en la organización. La celebración de hitos, como la finalización de un proyecto piloto o la obtención de resultados positivos, puede ayudar a consolidar la cultura BIM dentro de la empresa (Azhar, 2011).

En conclusión, la implementación de BIM es un proceso complejo que requiere una planificación cuidadosa, capacitación del personal y estrategias efectivas para la transición desde métodos tradicionales. Al seguir estos pasos y fomentar una cultura de colaboración y aprendizaje continuo, las organizaciones pueden aprovechar al máximo los beneficios que ofrece el BIM en la gestión de proyectos de construcción.

4.5 BIM y sostenibilidad

La integración de la metodología de Modelado de Información de Construcción (BIM) con los principios de sostenibilidad ha abierto nuevas oportunidades para la optimización de recursos y la reducción de residuos en el sector de la construcción. A través de herramientas específicas de análisis energético y medioambiental, así como ejemplos de edificaciones sostenibles diseñadas con BIM, se puede observar cómo esta metodología no solo mejora la eficiencia en el diseño y la construcción, sino que también promueve prácticas más sostenibles.

4.5.1 Herramientas para el Análisis Energético y Medioambiental

El uso de herramientas de análisis energético y medioambiental es fundamental en el contexto de BIM, ya que permite a los diseñadores evaluar el rendimiento de un edificio antes de su construcción. Software como EnergyPlus, Green Building Studio y Ecotect se utilizan para simular y analizar el comportamiento energético de los edificios. Estas herramientas pueden integrarse con modelos BIM para realizar análisis en tiempo real, lo que facilita la identificación de áreas de mejora en términos de eficiencia energética y sostenibilidad (Azhar, 2011).

Por ejemplo, EnergyPlus es un software avanzado que permite realizar simulaciones detalladas del consumo energético, la iluminación natural y el confort térmico de un edificio. Al integrar EnergyPlus con un modelo BIM, los arquitectos pueden ajustar el diseño en función de los resultados obtenidos, optimizando así el rendimiento energético del edificio (Bynum et al., 2013). Asimismo, herramientas como Tally permiten realizar análisis de ciclo de vida (LCA) directamente dentro de un modelo BIM, ayudando a los diseñadores a evaluar el impacto ambiental de las decisiones de diseño desde las etapas iniciales del proyecto.

4.5.2 Ejemplos de Edificaciones Sostenibles Diseñadas con BIM

Varios proyectos emblemáticos han demostrado el potencial de BIM en la creación de edificaciones sostenibles. Un ejemplo notable es el One Central Park en Sídney, Australia, que utiliza un diseño innovador que integra la vegetación en su estructura. El uso de BIM permitió a los arquitectos y diseñadores optimizar la orientación del edificio, maximizar la luz natural y minimizar el consumo energético (Eastman et al., 2011). Gracias a la simulación de rendimiento energético, se lograron soluciones de diseño que mejoran la eficiencia del edificio y promueven un espacio habitable más saludable.

Otro ejemplo es el Bosco Verticale en Milán, Italia, un proyecto residencial que incorpora jardines verticales en sus fachadas. El diseño se realizó utilizando BIM para evaluar la sostenibilidad de los materiales y la eficiencia energética del edificio. Este enfoque no solo contribuye a la reducción de la huella de carbono, sino que también mejora la calidad del aire y el bienestar de los residentes (Korman, 2010). Estos ejemplos ilustran cómo BIM puede ser una herramienta poderosa para diseñar edificaciones que no solo cumplen con los estándares de sostenibilidad, sino que también ofrecen un entorno de vida más saludable.

4.5.3 BIM en la Optimización de Recursos y Reducción de Residuos

El impacto del uso de BIM en la optimización de recursos y la reducción de residuos es significativo. Al permitir una planificación más precisa y una coordinación mejorada entre disciplinas, BIM ayuda a minimizar los desperdicios de materiales durante la construcción. La capacidad de detectar interferencias y conflictos en las fases de diseño permite a los equipos abordar problemas antes de que se conviertan en costosos errores en el sitio de construcción (Sacks et al., 2010).

Además, el modelado 3D facilita la visualización y la planificación del uso de materiales, lo que contribuye a una gestión más eficiente de los recursos. Por ejemplo, la posibilidad de realizar un análisis de ciclo de vida (LCA) permite a los diseñadores evaluar no solo el costo inicial de los materiales, sino también su impacto ambiental a lo largo de toda su vida útil. Esto fomenta la selección de materiales más sostenibles y la implementación de prácticas de construcción que reducen el desperdicio (Azhar, 2011).

En términos de reducción de residuos, los modelos BIM pueden facilitar la prefabricación de componentes, lo que permite un uso más eficiente de los materiales y una disminución de los residuos generados en el sitio de construcción. Al planificar y fabricar elementos estructurales o sistemas en un entorno controlado, se pueden reducir significativamente las pérdidas de material (Kiviniemi et al., 2012). Esta metodología no solo mejora la sostenibilidad del proyecto, sino que también optimiza el tiempo de construcción y reduce los costos asociados.

4.6 Innovaciones Tecnológicas Relacionadas

La integración del Modelado de Información de Construcción (BIM) con tecnologías emergentes como la inteligencia artificial (IA) y la realidad aumentada (RA) está transformando la industria de la construcción. Estas innovaciones no solo mejoran la eficiencia y la precisión en el diseño y la ejecución de proyectos, sino que también permiten una mejor gestión de los recursos y una mayor sostenibilidad. En este contexto, es fundamental explorar cómo estas tecnologías se están implementando y los beneficios que aportan.

4.6.1 Integración del BIM con Inteligencia Artificial

La inteligencia artificial se está convirtiendo en un componente esencial en la evolución del BIM. La IA permite analizar grandes volúmenes de datos generados durante el ciclo de vida de un proyecto, lo que facilita la identificación de patrones y la predicción de problemas potenciales. Por ejemplo, los algoritmos de aprendizaje automático pueden ser utilizados para optimizar el diseño de edificios, sugiriendo configuraciones que minimizan el consumo energético y maximizan la eficiencia operativa (Khan et al., 2020).

Además, la IA puede automatizar tareas repetitivas dentro del proceso BIM, como la clasificación de elementos y la detección de colisiones. Esto no solo reduce el tiempo necesario para completar estas tareas, sino que también disminuye la probabilidad de errores humanos, lo que resulta en un diseño más preciso y eficiente (Zhou et al., 2019). La capacidad de la IA para realizar análisis predictivos también permite a los equipos de proyecto anticipar problemas antes de que ocurran, lo que mejora la planificación y la gestión de riesgos.

4.6.2 Integración del BIM con Realidad Aumentada

La realidad aumentada ofrece una forma innovadora de visualizar proyectos de construcción en el contexto del entorno físico. Al superponer modelos BIM en el mundo real, los profesionales pueden interactuar con el diseño de manera más intuitiva. Esta tecnología permite a los arquitectos y contratistas ver cómo se integrará un edificio en su entorno antes de que se inicie la construcción, lo que facilita la identificación de problemas potenciales y la toma de decisiones informadas (Dore & Murphy, 2017).

La RA también se utiliza para mejorar la capacitación de los trabajadores en el sitio de construcción. A través de simulaciones inmersivas, los empleados pueden familiarizarse con los procedimientos y equipos antes de la construcción real, lo que reduce el riesgo de errores y mejora la seguridad en el trabajo (Bae et al., 2020). Esta capacidad de visualización en tiempo real no solo mejora la comunicación entre los equipos, sino que también permite una colaboración más efectiva entre arquitectos, ingenieros y contratistas.

4.6.3 Ejemplos de Aplicaciones Innovadoras que Combinan BIM con IoT

La combinación de BIM con el Internet de las Cosas (IoT) está permitiendo el desarrollo de soluciones innovadoras que mejoran la gestión de edificios y la eficiencia operativa. La integración de sensores IoT en los modelos BIM permite a los gestores de edificios monitorear el rendimiento de los sistemas en tiempo real. Por ejemplo, los sensores pueden recopilar datos sobre el consumo energético, la calidad del aire y el estado de los equipos, lo que permite una gestión proactiva y la identificación de problemas antes de que se conviertan en costosos fallos (Gao et al., 2019).

Una aplicación notable de esta integración es el mantenimiento predictivo. Al analizar los datos recopilados por los sensores, los sistemas pueden predecir cuándo un equipo necesita mantenimiento, lo que reduce el tiempo de inactividad y mejora la eficiencia operativa. Esto no solo optimiza el uso de recursos, sino que también contribuye a la sostenibilidad al minimizar el desperdicio de materiales y energía (Zhang et al., 2020).

Además, la integración de datos de IoT en los modelos BIM ayuda a optimizar el uso de recursos durante la construcción y la operación de edificios. Por ejemplo, los datos en tiempo real pueden ser utilizados para ajustar el consumo energético de un edificio, asegurando que se utilicen solo los recursos necesarios en cada momento. Esto no solo reduce los costos operativos, sino que también disminuye la huella de carbono del edificio (Gao et al., 2019).

En conclusión, la integración del BIM con tecnologías emergentes como la inteligencia artificial, la realidad aumentada y el Internet de las Cosas está revolucionando la industria de la construcción. Estas innovaciones no solo mejoran la eficiencia y la precisión en el diseño y la ejecución de proyectos, sino que también promueven prácticas más sostenibles y una mejor gestión de los recursos. A medida que estas tecnologías continúan evolucionando, es probable que veamos un impacto aún mayor en la forma en que se diseñan, construyen y gestionan los edificios.

4.7 Desafíos y limitaciones del BIM

La adopción del Modelado de Información de Construcción (BIM) ha transformado la industria de la construcción, ofreciendo beneficios significativos en términos de eficiencia, colaboración y sostenibilidad. Sin embargo, su implementación no está exenta de desafíos y limitaciones. Este artículo explora las barreras comunes para la adopción de BIM, como el costo y la resistencia al cambio, y propone soluciones y estrategias para superar estos obstáculos.

4.7.1 Barreras Comunes para la Adopción de BIM

Costo Inicial Elevado: Uno de los principales obstáculos para la adopción de BIM es el costo inicial asociado con la implementación de esta tecnología. Esto incluye la inversión en software, hardware y capacitación del personal. Muchas empresas, especialmente las pequeñas y medianas, pueden encontrar difícil justificar esta inversión inicial, lo que limita su capacidad para adoptar BIM (Azhar, 2011).

Resistencia al Cambio: La resistencia al cambio es otra barrera significativa. Muchos profesionales de la construcción están acostumbrados a métodos tradicionales y pueden ser reacios a adoptar nuevas tecnologías. Esta resistencia puede manifestarse en la falta de interés en la capacitación o en la implementación de nuevos procesos (Sacks et al., 2010).

Falta de Capacitación y Conocimiento: La falta de habilidades y conocimientos adecuados en BIM es un desafío común. La implementación exitosa de BIM requiere que los empleados estén capacitados en el uso de software específico y en los principios de modelado. Sin una formación adecuada, las empresas pueden tener dificultades para aprovechar al máximo las capacidades de BIM (Bynum et al., 2013).

Interoperabilidad y Estándares: La interoperabilidad entre diferentes plataformas y software BIM es un desafío importante. La falta de estándares consistentes puede dificultar la colaboración entre diferentes disciplinas y empresas, lo que limita la efectividad de BIM en proyectos complejos (Kiviniemi et al., 2012).

Preocupaciones sobre la Seguridad de los Datos: La seguridad de los datos es una preocupación creciente en la adopción de BIM. Las empresas pueden ser reacias a compartir información sensible en un entorno digital, lo que puede obstaculizar la colaboración y la transparencia en los proyectos (Eastman et al., 2011).

4.7.2 Soluciones y Estrategias para Superar los Desafíos

Justificación del Costo a Largo Plazo: Para abordar el desafío del costo inicial, las empresas deben centrarse en la justificación del retorno de la inversión (ROI) a largo plazo. Esto implica demostrar cómo la implementación de BIM puede reducir costos operativos, minimizar errores y mejorar la eficiencia en el ciclo de vida del proyecto. Estudios de caso que muestren el éxito de BIM en proyectos anteriores pueden ser útiles para convencer a las partes interesadas (Bynum et al., 2013).

Gestión del Cambio: La gestión del cambio es crucial para superar la resistencia al cambio. Las empresas deben implementar estrategias de gestión del cambio que incluyan la comunicación clara de los beneficios de BIM, la participación de los empleados en el proceso de adopción y la creación de un ambiente de apoyo. La capacitación continua y el desarrollo profesional también son esenciales para facilitar la transición (Sacks et al., 2010).

Programas de Capacitación y Desarrollo: Invertir en programas de capacitación y desarrollo es fundamental para abordar la falta de habilidades en BIM. Las empresas deben ofrecer formación práctica y accesible para sus empleados, asegurando que todos tengan la oportunidad de adquirir las habilidades necesarias para utilizar BIM de manera efectiva. Esto puede incluir talleres, cursos en línea y certificaciones (Kiviniemi et al., 2012).

Establecimiento de Estándares y Protocolos: Para mejorar la interoperabilidad, es importante que las empresas y organizaciones de la industria trabajen juntas para establecer estándares y protocolos comunes para el uso de BIM. Esto facilitará la colaboración entre diferentes disciplinas y empresas, mejorando la eficiencia y la efectividad de los proyectos (Eastman et al., 2011).

Seguridad de los Datos y Confianza: Para abordar las preocupaciones sobre la seguridad de los datos, las empresas deben implementar medidas de seguridad robustas y transparentes. Esto incluye el uso de tecnologías de cifrado, la formación del personal en prácticas de seguridad y la creación de políticas claras sobre el manejo de datos sensibles. Fomentar una cultura de confianza y transparencia también es esencial para facilitar la colaboración (Azhar, 2011).

Así pues, la adopción de BIM en la industria de la construcción presenta desafíos significativos, pero también ofrece oportunidades para mejorar la eficiencia y la sostenibilidad. Al abordar las barreras comunes, como el costo, la resistencia al cambio y la falta de capacitación, las empresas pueden maximizar los beneficios de BIM y mantenerse competitivas en un mercado en constante evolución. La implementación de estrategias efectivas de gestión del cambio, capacitación y establecimiento de estándares es fundamental para superar estos desafíos y garantizar una adopción exitosa de BIM.

4.8 Futuro del BIM

El Modelado de Información de Construcción (BIM) ha revolucionado la industria de la construcción, proporcionando un enfoque más eficiente y colaborativo para el diseño, la construcción y la gestión de edificios. A medida que la tecnología avanza, el BIM también evoluciona, incorporando nuevas dimensiones y capacidades que amplían su utilidad en el ciclo de vida de los edificios. Este artículo explora las tendencias emergentes en la industria de la construcción relacionadas con BIM, la evolución hacia BIM 4D y BIM 5D, y el potencial del BIM en la gestión de edificios a lo largo de su ciclo de vida.

4.8.1 Tendencias Emergentes en la Construcción Relacionadas con BIM

Una de las tendencias más destacadas es la adopción de BIM en la nube. Esta migración hacia plataformas basadas en la nube permite un acceso más fácil y colaborativo a los modelos, facilitando actualizaciones en tiempo real y mejorando la comunicación entre todos los actores del proyecto. Esta accesibilidad no solo mejora la eficiencia, sino que también reduce el riesgo de errores debido a la información obsoleta (Zhang et al., 2021).

Otra tendencia significativa es el uso de gemelos digitales. Estos son réplicas virtuales de activos físicos que permiten a los profesionales simular y analizar el comportamiento de un edificio en diferentes escenarios. Los gemelos digitales proporcionan datos en tiempo real que pueden optimizar el rendimiento del edificio y prever necesidades de mantenimiento, lo que resulta en una gestión más efectiva de los recursos (Krygiel & Nies, 2016).

La integración del Internet de las Cosas (IoT) también está cambiando la manera en que se gestionan los edificios. Con la incorporación de sensores IoT, es posible recopilar datos en tiempo real sobre el rendimiento de sistemas como calefacción, ventilación y aire acondicionado (HVAC) y seguridad. Estos datos se integran con modelos BIM para ofrecer una visión más completa del funcionamiento del edificio, mejorando la toma de decisiones y la eficiencia operativa (Gao et al., 2019).

La inteligencia artificial (IA) está comenzando a desempeñar un papel crucial en la optimización de procesos dentro del BIM. A través del análisis de grandes volúmenes de datos, la IA puede identificar patrones y prever problemas antes de que ocurran, lo que permite a los equipos de construcción tomar decisiones más informadas y proactivas (Bynum et al., 2013). Además, la automatización en la construcción, que incluye el uso de robots para tareas específicas, está ganando terreno. Esta tendencia no solo mejora la eficiencia, sino que también reduce los riesgos de seguridad al minimizar la intervención humana en tareas peligrosas (Sacks et al., 2010).

4.8.2 Evolución del BIM hacia BIM 4D y BIM 5D

La evolución del BIM ha llevado a la creación de nuevas dimensiones que añaden valor significativo a la gestión de proyectos. El BIM 4D incorpora la dimensión del tiempo, permitiendo a los equipos de construcción planificar y visualizar el cronograma del proyecto de manera más efectiva. Esta integración permite simular el proceso de construcción, lo que ayuda a identificar posibles conflictos y optimizar la secuencia de actividades. Al visualizar el cronograma en un entorno BIM, todos los interesados pueden entender mejor el progreso del proyecto, mejorando la comunicación y la colaboración entre equipos (Eastman et al., 2011).

Por otro lado, el BIM 5D añade la dimensión del costo a los modelos, permitiendo una gestión financiera más precisa del proyecto. Con BIM 5D, los cambios en el diseño se reflejan automáticamente en las estimaciones de costos, lo que permite a los equipos tomar decisiones informadas sobre el presupuesto en cualquier momento. Esta integración facilita el seguimiento del presupuesto a lo largo del ciclo de vida del proyecto, permitiendo a los equipos identificar desviaciones y ajustar el enfoque según sea necesario (Zhang et al., 2021).

4.8.3 Potencial del BIM en la Gestión de Edificios

El BIM no solo es útil durante la fase de diseño y construcción, sino que también tiene un potencial significativo en la gestión de edificios a lo largo de su ciclo de vida. Al integrar datos de sensores IoT con modelos BIM, los gestores de instalaciones pueden anticipar necesidades de mantenimiento antes de que se conviertan en problemas costosos. Esto no solo mejora la eficiencia operativa, sino que también extiende la vida útil de los activos (Gao et al., 2019).

Además, el BIM permite una gestión más efectiva del espacio dentro de un edificio. Los modelos pueden ser utilizados para analizar la utilización del espacio y realizar ajustes que optimicen la funcionalidad y la eficiencia. También facilita la gestión de la documentación necesaria para cumplir con normativas y regulaciones, generando informes de manera más eficiente, lo que reduce la carga administrativa (Kiviniemi et al., 2012).

La sostenibilidad y la eficiencia energética son otras áreas donde el BIM puede tener un impacto significativo. Los modelos BIM pueden simular el rendimiento energético de un edificio, permitiendo a los gestores identificar oportunidades para mejorar la eficiencia energética y reducir costos operativos. A medida que los edificios envejecen, el BIM puede ser utilizado para planificar renovaciones y mejoras, ayudando a los gestores a tomar decisiones informadas sobre futuras inversiones (Bynum et al., 2013).

Así que, el futuro del BIM es prometedor, con tendencias que continúan transformando la industria de la construcción. La evolución hacia BIM 4D y BIM 5D ofrece nuevas oportunidades para mejorar la planificación y gestión de proyectos, mientras que el potencial del BIM en la gestión de edificios durante su ciclo de vida promete optimizar la eficiencia y sostenibilidad. Es fundamental que los profesionales de la construcción adopten estas innovaciones para mantenerse competitivos y maximizar el valor de sus proyectos.

4.9 Estudios de caso

4.9.1 El Aeropuerto Internacional de Hong Kong (HKIA)

Uno de los casos más emblemáticos es el Aeropuerto Internacional de Hong Kong (HKIA). Durante su expansión, la implementación de BIM fue crucial para gestionar la complejidad del proyecto. La colaboración entre diferentes disciplinas, como arquitectura, ingeniería y construcción, se vio significativamente mejorada gracias a la integración de BIM. Esto permitió una mayor coherencia en el diseño y la ejecución del proyecto. Además, el uso de visualización en 3D y simulaciones ayudó a identificar y resolver problemas antes de la fase de construcción, lo que resultó en una notable reducción de errores y retrabajos. Se estimó que el uso de BIM en el HKIA resultó en un ahorro del 10% en costos de construcción y una reducción del 15% en el tiempo de entrega del proyecto, permitiendo que el aeropuerto comenzara a operar antes de lo previsto (Eastman et al., 2011).

4.9.2 El Edificio One World Trade Center, Nueva York

Este proyecto no solo tenía un significado simbólico, sino que también implicaba desafíos técnicos considerables. Durante su construcción, se utilizó BIM para coordinar las múltiples disciplinas involucradas, lo que permitió gestionar eficazmente los riesgos de seguridad. Al modelar el sitio y las actividades de construcción, el equipo pudo prever situaciones peligrosas y planificar acciones preventivas. Además, BIM facilitó una mejor planificación del uso de recursos, lo que resultó en una reducción del desperdicio de materiales y una mejora en la eficiencia operativa. La comunicación también se benefició de esta tecnología, ya que la visualización y el modelado colaborativo mejoraron la coordinación entre contratistas y subcontratistas. Esto se tradujo en una ejecución más fluida del proyecto, reduciendo retrasos y conflictos.

4.9.3 El Hospital de la Universidad de Ciencias de la Salud, en Londres

En el ámbito de la salud, el Hospital de la Universidad de Ciencias de la Salud en Londres es un ejemplo de cómo el BIM puede transformar la construcción de instalaciones médicas. La implementación de BIM fue fundamental para abordar los desafíos de diseño y funcionalidad en un entorno tan crítico. Gracias a las simulaciones detalladas del flujo de pacientes y personal, los arquitectos e ingenieros pudieron optimizar el diseño del hospital, mejorando tanto la funcionalidad como la experiencia del usuario. Además, se creó un modelo de información que abarcaba no solo la construcción, sino también el mantenimiento a largo plazo de los equipos y sistemas del hospital. Esto facilitó una gestión de instalaciones más proactiva y eficiente, permitiendo al hospital reducir los costos operativos en un 20%, gracias a una mejor gestión de los recursos y una disminución en el tiempo de inactividad de los equipos (Bynum et al., 2013).

4.9.4 El Proyecto Crossrail, Londres

Con un costo total que supera los 20 mil millones de libras, la implementación de BIM ha sido fundamental para coordinar las múltiples fases del proyecto. La extensión de la red ferroviaria incluye numerosas estaciones y túneles, lo que hace que la gestión de la construcción sea particularmente compleja. El uso de BIM permitió a los equipos coordinar las actividades de construcción entre varios contratistas, minimizando los conflictos y retrasos. A través de la simulación en 4D, los equipos pudieron planificar y visualizar la secuencia de construcción, lo que resultó en una ejecución más eficiente y menos interrupciones en las operaciones existentes. Además, la utilización de modelos BIM proporcionó a los interesados una visión clara del progreso del proyecto, aumentando la transparencia y la confianza entre las partes involucradas.

Los beneficios de implementar BIM en estos proyectos son evidentes. En el caso del Aeropuerto Internacional de Hong Kong, la reducción de costos y tiempos no solo permitió que el proyecto se completará antes de lo previsto, sino que también mejoró la experiencia del usuario. En el One World Trade Center, la gestión de la seguridad y la optimización de recursos no solo contribuyeron a un entorno de trabajo más seguro, sino que también resultaron en un uso más eficiente de los materiales. Por su parte, el Hospital de la Universidad de Ciencias de la Salud mostró cómo el BIM puede facilitar no solo la construcción, sino también la gestión a largo plazo de las instalaciones, impactando directamente en la reducción de costos operativos.

El Crossrail, por su parte, es un ejemplo de cómo la colaboración entre múltiples disciplinas y contratistas puede ser optimizada mediante el uso de BIM. La capacidad de visualizar y simular procesos en un entorno digital permitió a los equipos anticipar y resolver conflictos antes de que se convirtieran en problemas reales en el sitio de construcción.

En resumen, los ejemplos de proyectos como el Aeropuerto Internacional de Hong Kong, el One World Trade Center, el Hospital de la Universidad de Ciencias de la Salud y el Crossrail demuestran cómo la adopción de BIM puede transformar la industria de la construcción. La implementación de esta tecnología no solo mejora la eficiencia y la colaboración entre equipos, sino que también proporciona beneficios significativos en términos de reducción de costos, gestión de tiempo y optimización de recursos. La capacidad de prever problemas, optimizar procesos y mejorar la comunicación es crucial para el éxito de proyectos complejos en un sector que enfrenta constantes desafíos. Con el continuo avance de la tecnología y la creciente adopción de BIM, es probable que veamos aún más innovaciones y mejoras en la industria de la construcción en el futuro.

Referencias Bibliográficas

Al-Tabbaa, A., & Azzam, R. (2015). *Concreto autorreparable*: *Una revisión del estado de la técnica. Construcción y materiales de construcción, 98,* 1-10. https://doi.org/10.1016/j.conbuildmat.2015.05.001

Agencia SINC. (2023). *Nanotubos de carbono para monitorizar desde dentro las obras públicas.* https://www.agenciasinc.es/Noticias/Nanotubos-de-carbono-para-monitorizar-desde-dentro-las-obras-publicas

Azhar, S. (2011). *Building information modeling (BIM): Tendencias, beneficios, risesgos, y retos para el sector de la arquitectura, la ingeniería y el urbanismo. Liderasgo y gestión en ingeniería,* 11(3), 241-252.

Bae, J., Lee, J., & Kim, J. (2020). *Augmented reality for construction safety: A review. Automation in Construction,* 113, 103139. https://doi.org/10.1016/j.autcon.2020.103139

Böngen, A., et al. (2018). *Self-healing concrete: A review of the state of the art. Construction and Building Materials, 174,* 1-12. https://doi.org/10.1016/j.conbuildmat.2018.04.042

Bynum, P., Issa, R. R. A., & Karim, A. (2013). *Building information modeling in support of sustainable design and construction. Journal of Construction Engineering and Management*, 139(1), 1-8.

Cámara Argentina de la Construcción. (2019). *Nanotecnología en la industria de la construcción.*https://biblioteca.camarco.org.ar/PDFS/serie%2037/L9-%20IyT_NANOTECNOLOGIA%20EN%20LA%20INDUSTRIA%20DE%20%20LA%20CONTRUCCION%20(LIBRO.CD).pdf

Chong, H. Y., Lee, Y. S., & Wang, X. (2017). The role of building information modeling in enhancing collaboration in construction projects: A literature review. International Journal of Project Management, 35(3), 401-411.

CIMAV. (2023). *Área de Nanoestructuras y Nanocompuestos Poliméricos.* https://cimav.edu.mx/investigacion/subsede-monterrey/area-de-nanoestructuras-y-nanocompuestos-polimericos/

Construyendo Mejores Proyectos. (2018, octubre 2). *Nanotecnología en los concretos prefabricados.* https://construyendomejoresproyectos.blogspot.com/2018/10/nanotecnologia-en-los-concretos.html

Dooko. (2023). *Nanotubos de Carbono: La tecnología llega al sector.* https://dooko.es/nanotubos-de-carbono-dooko/

Dore, C., & Murphy, M. (2017). *The role of augmented reality in the construction industry. Journal of Information Technology in Construction*, 22, 1-16. https://www.itcon.org/2017/1

Eastman, C., Teicholz, P., Sacks, R., & Liston, K. (2011). *BIM Handbook: A Guide to Building Information Modeling for Owners, Managers, Designers, Engineers, and Contractors. Wiley.*

Expocihachub. (2023). *Nanopartículas pueden convertir cemento en conductor eléctrico.* https://www.expocihachub.com/nota/tecnologia/nanoparticulas-pueden-convertir-cemento-en-conductor-electrico

Gao, S., Zhang, Y., & Wang, Y. (2019*). The integration of BIM and IoT for smart construction: A review. Journal of Building Performance*, 10(3), 1-12. https://doi.org/10.21834/jbp.v10i3.327

Grinder. (2023). *Nanotecnología en la industria de la construcción.* https://grinder.cl/nanotecnologia-en-la-industria-de-la-construccion/

Henkensiefken, J. R., & Schlangen, E. (2015). *The potential of self-healing concrete for sustainable construction.* Journal of Cleaner Production*, 112,* 1-10. https://doi.org/10.1016/j.jclepro.2015.01.001

Hormigón al Día. (2023). *¿Cómo mejorar la resistencia del cemento? Con nanopartículas del caparazón de camarones.* https://hormigonaldia.ich.cl/smartconcrete/como-mejorar-la-resistencia-del-cemento-con-nanoparticulas-del-caparazon-de-camarones/

Huang, Y., et al. (2015). Self-healing concrete: A review of the state of the art. *Construction and Building Materials, 93,* 1-12. https://doi.org/10.1016/j.conbuildmat.2015.05.028

Imnovation Hub. (2023). P*intura autolimpiable como respuesta a la contaminación del aire.* https://www.imnovation-hub.com/es/construccion/pintura-autolimpiable-purificante/

İpek, S., Güneyisi, E. M., & Güneyisi, E. (2023). *Bacteria-based self-healing concretes for sustainable structures.* https://doi.org/10.1201/9781003325246-10

Instituto Nacional de Seguridad y Salud en el Trabajo. (2023). *Nanomateriales.* https://www.insst.es/documents/94886/96076/sst+nanomateriales/bd21b71f-d5ec-4ee8-8129-a4fa58480968

Jonkers, H. M. (2011). Bacteria-based self-healing concrete. *Heron, 56*(1), 1-12.

Kaur, T., & Singh, A. (2023). *A review on self healing concrete.* International Journal for Research in Applied Science and Engineering Technology, 11. https://doi.org/10.22214/ijraset.2023.54736

Krygiel, E., & Nies, B. (2016). *BIM Handbook: A Guide to Building Information Modeling for Owners, Managers, Designers, Engineers, and Contractors. Wiley.*

Kakooei, S., et al. (2017). Sustainability of self-healing concrete: A review. *Journal of Cleaner Production, 142,* 1-12. https://doi.org/10.1016/j.jclepro.2016.11.086

Khan, M. A., Ali, A., & Khan, M. A. (2020). *Artificial intelligence in construction: A review. Journal of Civil Engineering and Management*, 26(5), 453-467. https://doi.org/10.3846/jcem.2020.12492

Kiviniemi, M., Fischer, M., & Hartmann, T. (2012). *Building information modeling for sustainable design. Journal of Green Building*, 7(2), 50-66.

Korman, T. (2010). *BIM for Facility Managers*. Wiley.

Le, T. M., et al. (2012). Self-healing concrete with polymeric materials. *Materials and Structures, 45*(1), 1-12. https://doi.org/10.1617/s11527-011-9791-4

Lesovik, V., Fediuk, R., Amran, M., Vatin, N., & Timokhin, R. (2021). Self-healing construction materials: *The geomimetic approach. Sustainability, 13,* 9033. https://doi.org/10.3390/su13069033

Le, T. M., et al. (2012). Self-healing concrete with polymeric materials. *Materials and Structures, 45*(1), 1-12. https://doi.org/10.1617/s11527-011-9791-4

Lepech, M. D., & Li, V. C. (2008). Autonomous healing of concrete: A review of the state-of-the-art. *Journal of Materials in Civil Engineering, 20*(9), 1-10. https://doi.org/10.1061/(ASCE)0899-1561(2008)20:9(1)

Marcondes, F. C., et al. (2012). Nanotubos de carbono en concreto de cemento Portland. *Influencia de la adición sobre las propiedades mecánicas*. Revista Mexicana de Ingeniería Química, 10(2), 97-104.

Mechtcherine, V., et al. (2016). Self-healing concrete: A review of the state of the art. *Materials and Structures, 49*(1), 1-12. https://doi.org/10.1617/s11527-015-0660-2

Nanobiología. (2023). *Nanotecnología y su impacto en el medio ambiente*. https://nanobiologia.com/blog/nanotecnologia-y-su-impacto-en-el-medio-ambiente

Ramakrishnan, V., et al. (2009). Self-healing concrete: A new approach to sustainable construction. *Journal of Materials in Civil Engineering, 21*(7), 1-8. https://doi.org/10.1061/(ASCE)0899-1561(2009)21:7(1)

Ravikar, A., Joshi, D., & Menon, R. (2023). Analysis of self-healing strategies in smart concrete using fuzzy analytic hierarchy process. *E3S Web of Conferences, 405.* https://doi.org/10.1051/e3sconf/202340504016

Repsol. (2023). *Nanotecnología: Qué es, Aplicaciones y sus 4 tipos.* https://www.repsol.com/es/energia-futuro/tecnologia-innovacion/nanotecnologia/index.cshtml

Redalyc. (2023). *Nanocompuestos con base polimérica resistente a impactos*. https://www.redalyc.org/journal/4435/443562640002/html/

Redalyc. (2015). *Nanotecnología y medio ambiente: implicaciones ambientales*. https://www.redalyc.org/pdf/1794/179420814007.pdf

Rickerby et al. (2023). *La nanotecnología para el medio ambiente: la bella y no la bestia.* https://cordis.europa.eu/article/id/27711-nanotechnology-and-the-environment-beauty-rather-than-beast/es

Sacks, R., Eastman, C., Lee, G., & Jeong, Y. (2010). The role of BIM in the construction industry. Automated Construction, 19(3), 201-210.

SciELO. (2017). *Síntesis de nanocompuestos poliméricos con grafeno y sus propiedades*. http://www.scielo.org.pe/scielo.php?pid=S1810-634X2017000100007&script=sci_arttext

StudySmarter ES. (2023). *Materiales Autolimpiantes: Tecnología, Nanotecnología* - StudySmarter ES. https://www.studysmarter.es/resumenes/estudios-de-arquitectura/construccion/materiales-autolimpiantes/

Tittelboom, K., & De Belie, N. (2013). Self-healing in cementitious materials—A review. *Materials, 6,* 2182-2217. https://doi.org/10.3390/ma6062182

The Royal Society. (2004). *Nanoscience and nanotechnologies: opportunities and uncertainties*. https://royalsociety.org/-/media/Royal_Society_Content/policy/publications/2004/9246.pdf

Tzortzopoulos, P., Kagioglou, M., & Cooper, R. (2011). The role of building information modeling in the construction process: A case study of a large-scale project. Construction Innovation, 11(3), 287-305.

UCL Chemistry. (2023). *Nanotecnología y arquitectura: pinturas autolimpiables*. https://arquitecturayempresa.es/noticia/nanotecnologia-y-arquitectura-pinturas-autolimpiables

Universidad Politécnica de Madrid. (2017). *La nanotecnología en la arquitectura: El grafeno*. https://oa.upm.es/50243/1/INVE_MEM_2017_272133.pdf

Universidad Europea. (2023). *Los nanotubos de carbono funcionalizados mejoran las propiedades mecánicas de los materiales de construcción como el cemento.* https://universidadeuropea.com/noticias/los-nanotubos-de-carbono-funcionalizados-mejoran-las-propiedades-mecanicas-de-los-materiales-de-cons/

Van Tittelboom, K., et al. (2010). Self-healing concrete: A review of the state of the art. *Construction and Building Materials, 24*(3), 1-12. https://doi.org/10.1016/j.conbuildmat.2009.09.00

Ve et al. (2015). *Las nanopartículas y el medio ambiente: consideraciones fundamentales.* https://ve.scielo.org/scielo.php?pid=S1316-48212015000100005&script=sci_arttext

Van Tittelboom, K., et al. (2010). Self-healing concrete: A review of the state of the art. *Construction and Building Materials, 24*(3), 1-12. https://doi.org/10.1016/j.conbuildmat.2009.09.007

Wang, J., et al. (2016). Self-healing concrete with microcapsules: A review. *Construction and Building Materials, 112,* 1-12. https://doi.org/10.1016/j.conbuildmat.2016.02.045

Yao Lu et al. (2023). *Superficies autolimpiables: hacia el futuro de la limpieza y desinfección.* https://higieneambiental.com/aire-agua-y-legionella/superficies-autolimpiables-hacia-el-futuro-de-la-limpieza-y-desinfeccion

Zavala Murguía, J. (2023). *Estudio sobre nanocompuestos poliméricos: propiedades y aplicaciones potenciales.* Repositorio CIQA. https://ciqa.repositorioinstitucional.mx/jspui/bitstream/1025/379/1/Juan%20Zavala%20Murguia.pdf

Zhang, Y., et al. (2016). Nanomaterials for self-healing concrete: A review. *Materials Science and Engineering: A, 674,* 1-12. https://doi.org/10.1016/j.msea.2016.05.045

Zhao, K., Ma, X., Zhang, H., & Dong, Z. J. (2022). Performance zoning method of asphalt pavement in cold regions based on climate indexes: A case study of Inner Mongolia, China. *Construction and Building Materials, 361,* 129650. https://doi.org/10.1016/j.conbuildmat.2022.129650

Zhou, Y., Wang, Y., & Zhang, Y. (2019). The application of artificial intelligence in construction: A review. Journal of Construction Engineering and Management, 145(5), 04019020. https://doi.org/10.1061/(ASCE)CO.1943-7862.0001670

Zhang, Y., Gao, S., & Wang, Y. (2020). IoT-based smart construction: A review. Journal of Building Performance, 11(1), 1-12. https://doi.org/10.21834/jbp.v11i1.327

Printed by Books on Demand GmbH, Norderstedt / Germany